中央支持地方高校改革发展资金部省合建学科项目资助

高排放产业碳排放的效应测度、影响因素及低碳发展路径研究

朱金鹤　著

中国农业出版社

北　京

低碳发展是兵团绿色发展的突破口，绿色发展是兵团高质量发展的胜负手。

碳排放空间的压缩势必将对新发展格局形成高水平生态环保的"绿色刚性"约束，从而"绿色倒逼"产业链的绿色化、低碳化，进而释放内生性"绿色增长"的新动能。控制工业碳排放、促进高排放产业低碳转型、解决好兵团高排放产业的碳减排问题，既是对中央"碳达峰、碳中和"政策的响应，也是倒逼兵团产业结构调整的关键步骤，对于推进生态文明建设、全面推动产业绿色低碳转型、促进经济增长与碳排放深度脱钩、实现碳达峰目标与碳中和愿景等都具有重要的现实意义。

对兵团高排放产业进行低碳减排靶向的环境治理，既是加快建立健全绿色低碳循环发展经济体系的重要保障，也是贯彻落实碳排放约束、履行绿色低碳发展责任的基础支撑。促进兵团经济低能耗发展、产业结构低碳化绿色转型，落实兵团重点领域行业能耗"双控"计划，针对高排放、高耗能产业采取因地制宜的碳减排策略，既是兵团实现社会经济与碳减排目标协调发展，增强各级政府"有为之手"的绿色新政、绿色动能的可行路径，也是有效执行兵团"双碳"行动方案、科学推进碳达峰目标及碳中和愿景有效落地、响应国家"践行绿色发展理念，保护青山绿水"的重要策略。

本书践行了兵团低碳发展的政策要求，研究兵团高排放产业碳排放多重效应、影响因素，探索了兵团高排放产业低碳转型的可能路径，希冀在低碳经济、低碳减排、高排放产业碳排放效应测度、碳排放影响因素、低碳路径选择、环境治理等领域能具有一定的学术价值，同时也对兵团高排放产业的转型升级、能源结构的合理优化、低碳减排路径选择等方面能具有本土化的应用价值。

此书为朱金鹤教授主持的新疆兵团社科基金一般项目"兵团高排放产业碳排放的效应测度、影响因素与低碳发展路径研究（19YB13）"最终成果，自立项至结项历经3年，甘苦积累，皆为经验基石，成果亦凝聚了多人的不懈努力和智力支持。课题执行期间，多次进行调研，向参与调研的课题组成员，涉及的相关政企部门、事业单位、工业园区领导与访谈人员的大力支持与配合表示诚挚感谢。

在本书的编著过程中，朱金鹤教授从整体上对本书进行了总体规划与设计、修改与完善、整合与精简，包括立项选题、研究思路设计、研究方法选择、评价指标体系设计、研究大纲的设计细化和打磨论证，项目组织、总体方案统筹、调研方案及执行，以及前言、第1章、第8章、第9章等内容撰写。朱金鹤教授对全书多轮统稿、多轮校稿，对各稿修改完善并提出详细修改意见。

近几年朱金鹤教授指导的硕士、博士研究生在各章具体写作、实证研究、数据测算中投入了大量的工作，具体工作及贡献如下：王雅莉博士主要撰写"第7章 基于系统动力学模型的兵团高排放产业低碳发展路径选择"以及初稿对策和初稿、修改稿的统稿，孙红雪博士主要撰写"第2章 概念界定、研究方法与理论基础"和"第6章 兵团高排放产业碳排放的影响因素分析"，庞婉玉博士主要撰写"第5章 兵团高排放产业碳排放的多重效应测度"，硕士王晴晴主要撰写"第4章 兵团高排放产业碳排放测度及排放特征分析"，博士生宋祯主要撰写"第3章 兵团高排放产业的能耗现状及减排困境分析"，2017级硕士生张瑶在前期文献资料查阅整理方面、研究大纲初步设计方面投入了大量时间和精力；博士生孙乐、博士生殷赵龙在2024年1月底的最新校稿中，仔细认真校验多个图表数据、全文整体校对，咬文嚼字、推敲琢磨、精益求精，为保证本书的阅读体验及文字质量付出了较多时间与精力。

此书即将付梓，如释重负，目前的心情——"好是雨余江上望，白云堆里泼浓蓝"；重新归零，重新出发——"从此音尘各悄然，春山如黛草如烟"!

春风疑不到天涯，二月石城未见花。残雪压枝犹有橘，冻雷惊笋欲抽芽。

门尽冷霜能醒骨，窗临残照好读书。深山古路无杨柳，折取桐花寄远人。

能力决定下限，机会决定上限；乘历史大势行稳，走人间正道致远。

有人肩扛重任，有人踽踽独行；

有人矢志不改，有人初心已变；

有人春风得意，有人时运不济；

有人沉迷繁花，有人厌倦喧嚣；

有人满怀心事，有人独自崩溃。

君子务本，本立道生；所有英雄，原本平凡。

千回百转，千锤百炼；岁月锤炼，化繁为简；

灵魂丰满，欲望清瘦；娑婆世界，憾即圆满！

心有山海，静而不争；静躁不同，趣舍万殊。

荆棘迷雾，提灯前行；日照金山，繁星满天。

辞暮尔尔，烟火年年；何其有幸，岁月并进。

未来可期，来年可待；且喜且乐，且吟且唱……

2024 年 2 月 4 日　立春

目　录
CONTENTS

第1章 导 论 /////////////////////////////////////

1.1 研究背景与研究意义

1.1.1 研究背景

碳排放是全球气候变暖、各类极端恶劣天气与自然灾害的直接诱发因素，如何降低碳排放量已经成为各国政府和专家学者共同关注的话题。1997 年 12 月，《联合国气候变化框架公约》缔约方签订了《联合国气候变化框架公约京都议定书》，决定采取措施控制全球二氧化碳排放，以防止气候变化给人类发展带来不可挽回的损失。2015 年，《联合国气候变化框架公约》195 个缔约方在法国巴黎通过了第一份具有法律约束力的全球减排协议《巴黎协定》，提出"将 21 世纪全球平均温度上升控制在较工业革命之前 2℃ 内，并努力将温度控制在 1.5℃ 以内"的指标，每个缔约方都承担了具体的减排任务。中国的碳排放问题受到各方关注。一方面，中国作为世界经济体量排名第二的人口大国，在改革开放之后的 40 多年中经济发展迅速且能源消费随之急剧增加。《2019 世界能源统计年鉴》显示，2018 年中国一次能源消费总量达 32.74 亿吨油当量，居于世界首位，同比增长 4.32%；且在能源消费结构中，中国煤炭、水电消费均居世界首位，石油消费居于世界第二位，天然气、核能消费居于世界第三位，一次能源主体地位明显；但中国能源消费总量增速有所下降，2000—2010 年能源消费增速年均复合增长率（CAGR）为 9.51%，2010—2018 年能源消费增速 CAGR 只有 3.28%。另一方面，中国的碳排放总量从 2013 年开始就位居世界第一，占世界碳排放总量的比重超过 1/4，体现出中国碳减排的责任与压力较大。根据《全球碳谱》数据，2013 年世界碳排放量前四位的国家和地区分别为中国、美国、欧盟和日本，碳排放量分别为 100 亿吨、52 亿吨、35 亿吨、24 亿吨，中国碳排放量约占世界碳排放总量的 28%。2017 年世界碳排放量前四位的国家分别为中国、美国、印度和俄罗斯，碳排放量分别为 98.39 亿吨、52.69 亿吨、24.76 亿吨和 16.93 亿吨，中国碳排放量约占世界碳排放总量的 27.2%（表 1-1、图 1-1）。

表 1-1　《2018 年全球碳谱》碳排放与排名

排名	国家	2017 年碳排放量（亿吨）	占全球百分比（%）
1	中国	98.39	27.2
2	美国	52.69	14.6
3	印度	24.76	6.8
4	俄罗斯	16.93	4.7
5	日本	12.05	3.3
6	德国	7.99	2.2
7	伊朗	6.72	1.9
8	沙特	6.35	1.8
9	韩国	6.16	1.7
10	加拿大	5.73	1.6
11	墨西哥	4.90	1.4
12	印度尼西亚	4.87	1.3
13	巴西	4.76	1.3
14	南非	4.56	1.3
15	土耳其	4.48	1.2

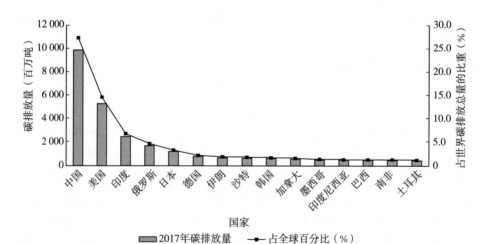

图 1-1　2017 年世界各国碳排放量及其占世界碳排放总量的比重

中国作为目前世界最大的温室气体排放国，是全球应对气候变化的积极参与者与主要贡献者。为控制碳排放水平，2016 年中国在《巴黎协定》框架下提出"双约束"的国家自主贡献目标：总量上，2030 年碳排放达到峰值，且将努力早日达峰；强度上，2030 年单位国内生产总值（GDP）碳排放比 2005 年下降 60%～65%。2020 年以来，中国多次就减排减碳提出目标任务：党的十九届五中全会提出的"到 2035 年基本实现社会主义现代化远景目标"中就包括"碳排放达峰后稳中有降"；2020 年 12 月召开的中央经济工作会议部署做好碳达峰、碳中和工作，指出"我国二氧化碳排放力争 2030 年前达到峰值，力争 2060 年前实现碳中和"。工业和信息化部节能与综合利用司有关负责人指出，工业是中国能源消耗和二氧化碳排放的最主要领域，2019 年我国能源消费总量 48.6 亿吨标准煤，其中工业占比超过 60%。与此同时，当前中国正大力推进生态文明建设，将应对气候变化融入国家经济社会发展中长期规划，正步入绿色、循环、低碳的发展道路。可以预见，未来较长时期内我国将通过积极参与国际气候事务，改变我国能源消费模式，促进产业结构转型，努力降低碳排放以实现可持续发展的目标。其中，控制工业碳排放、促进高排放产业低碳转型正是重中之重。

低碳发展是新疆生产建设兵团（以下简称兵团）绿色发展的突破口，绿色发展是兵团高质量发展的胜负手。新疆维吾尔自治区（以下简称新疆）位于西北边陲，国土面积高达全国总面积的 1/6；而兵团是新疆的重要组成部分，承担着国家赋予的屯垦戍边职责。解决好兵团碳排放问题既是对中央的碳达峰、碳中和政策的响应，也是倒逼兵团产业结构调整的关键步骤。一方面，新疆与兵团受到煤炭资源比较优势的影响，能源结构调整难度较大。新疆的煤炭等化石能源的储量约占全国的 40%，由于煤炭资源储量大、开采成本低、发热量高，长期以来煤炭一直是新疆及兵团地区主要的生产生活能源，电力和供热能源基本以煤炭为主，加之目前煤炭的替代能源在获取成本比较优势、便捷性、可靠性、安全性等方面还有待完善，以及产业能源消费路径依赖、环保理念不强等因素的制约，造成了能源结构调整难度较大、碳排放的遏制举步维艰。另一方面，新疆与兵团逐步推行绿色发展和可持续发展，聚焦经济结构转型，力争打好防污攻坚战。在空气污染物控制上，《兵团"十三五"节能减排综合工作实施方案》指明，到 2020 年，兵团万元 GDP 能耗较 2015 年下降 10%，与新疆"十三五"节能减排工作的实施意见相一致；2020 年兵团化学需氧量、氨氮、二氧化硫、氮氧化物排放总量分别控制在 9.84 万吨、0.49 万吨、9.57

万吨、8.61 万吨以内，较 2015 年分别下降 1.6％、2.8％、13％和 13％，高于新疆污染物排放控制程度。在能源消费控制上，《兵团公共机构"十三五"节能规划》明确提出，到 2020 年年末，兵团公共机构能源消费总量控制在 47.83 万吨标准煤以内，用水总量控制在 3 003 万立方米以内，以 2015 年能源消费总量为基数，实现人均综合能耗下降 11％、单位建筑面积能耗下降 10％、人均用水量下降 15％。在二氧化碳排放控制上，2017 年兵团印发《兵团"十三五"节能减排综合工作实施方案》和《兵团"十三五"控制温室气体排放工作实施方案》，对确保实现兵团"十三五"节能减排、控制温室气体排放约束性目标以及加快推进生态文明建设作出部署，并明确指出，到 2020 年兵团单位生产总值二氧化碳排放量较 2015 年下降 12％，碳排放总量得到有效控制（表 1-2）。

表 1-2　新疆与兵团"十三五"节能减排目标对比

能耗项目	新疆"十三五"节能减排目标	兵团"十三五"节能减排目标
万元 GDP 能耗	2020 年比 2015 年下降 10％	2020 年比 2015 年下降 10％
能源消费量	2020 年控制在 3 540 万吨标准煤	2020 年控制在 47.83 万吨标准煤
化学需氧量	2020 年比 2015 年下降 1.6％	2020 年比 2015 年下降 1.6％
氨氮排放	2020 年比 2015 年下降 2.8％	2020 年比 2015 年下降 2.8％
二氧化硫排放	2020 年比 2015 年下降 3％	2020 年比 2015 年下降 13％
氮氧化物排放	2020 年比 2015 年下降 3％	2020 年比 2015 年下降 13％

兵团经济结构较为单一，工业主要以钢铁、水泥、煤炭等重化工业为主。重化工业是典型的资源型产业，其生产运行以能源原材料为基础，而能源消耗却是二氧化碳排放的最主要领域。因而，要完成兵团经济结构转型发展和国家的低碳发展目标，必须解决好兵团高排放产业的碳排放偏高问题。基于此，本书选择兵团作为研究样本。首先，对兵团高排放产业的发展现状及减排困境进行系统的理论分析，通过新疆温室气体清单编制中的排放因子对兵团十大高排放产业的碳排放量进行计算；其次，对兵团高排放产业碳排放的多重效应进行分类测度与探查，随后采用对数平均迪氏指数（LMDI）分解法及 STIRPAT 模型对高排放产业进行碳排放影响因素分解分析和稳健性检验；最后，基于系统动力学模型及上述实证结果，探究兵团高排放产业低碳发展的路径选择。

1.1.2 研究意义

推动碳达峰目标及碳中和愿景的实现，在本质上意味着加速中国的绿色低碳转型进程，经济增长要与碳排放深度脱钩，从棕色经济向绿色经济转型。中国目前正处于工业化和城市化进程中，既要实现经济高质量发展，也要合理应对全球气候变化和解决国家生态环境问题。2020年9月，习近平在第七十五届联合国大会一般性辩论上提出的"二氧化碳排放力争于2030年前达到峰值，努力争取2060年前实现碳中和"的碳减排承诺，彰显了中国主动承担全球环境责任、多边气候治理、全面推动绿色低碳转型的大国担当。我国是全球最大的二氧化碳排放国，能源需求刚性和生态环境约束仍未根本扭转，实现碳减排目标压力巨大。碳排放空间的压缩势必将对新发展格局形成高水平生态环保的"绿色刚性"约束，从而"绿色倒逼"产业链的绿色化、低碳化，进而释放新发展格局提升内生性"绿色增长"的新动能。

"十四五"时期既是推进绿色转型发展处于压力叠加、负重前行的关键期，也是实现碳排放达峰、构建绿色低碳循环发展经济体系的重要时间窗口期，难关险滩、危机考验此起彼伏。开展碳达峰、碳中和行动将对我国各个地区的中长期发展产生一系列影响。新疆位于我国西部地区，为中亚五国的连接腹地及能源存储大省，自西部大开发战略实施以来，新疆的工业化进程在提速，兵团也逐渐启动经济快速增长模式。产业能源结构困境、行业能耗强度过高、经济粗放式发展及产业结构失衡等难题日益突出，在很大程度上制约着兵团低碳经济的发展。因此，兵团应抓住"十四五"规划实施的关键时间窗口，聚焦重点行业领域的减污降碳行动，针对高排放、高耗能产业相应地采取碳减排策略。这是兵团实现社会经济与碳减排目标协调发展的必由之路，也是响应国家号召"践行绿色发展理念，保护青山绿水"的重要策略。

兵团在履行绿色低碳发展责任的同时，为实现碳达峰目标和碳中和愿景提供"有为之手"的绿色新政、绿色动能。对兵团高排放产业进行低碳减排靶向的环境治理，既是加快建立健全绿色低碳循环发展经济体系的重要保障，也是贯彻落实碳排放约束、科学推进碳达峰目标及碳中和愿景有效落地的基础支撑。如何在实现高质量发展与高效率减碳"双赢"中推动经济社会发展全面绿色转型，切实践行"两山"理论，使良好生态环境真正成为最公平的公共产品和最普惠的民生福祉，无疑对兵团高排放产业低碳发展、环境治理提出了高要求和新挑战。在此背景下展开兵团高排放产业的低碳发展路径研究，主要有以下意义：一是能够有效推进兵团碳达峰、碳中和行动方案的实施，落实兵团重点领域行业能耗"双控"计划，以支撑兵团经济社会持续健康发展，持续推进能源绿色低碳转型发展，突出兵团经济的独特发展优势，不断壮大兵团综合实力；二是能够促进兵团经济低能耗发展、产业结构转型，缩小东西部地区的发展差距，充分发挥兵团稳定器、大熔炉、示范区的特殊作用，为实现新疆社会稳定和长治久安总目标作出新的贡献；三是能够满足兵团职工群众日益增长的对资源节约型与环境友好型社会的向往，对于建设团结和谐、繁荣富裕、文明进步、安居乐业、生态良好的新时代中国特色社会主义新疆（兵团），维护边疆稳定与民族团结，贯彻落实以人民为中心的发展思想，以及构建和谐兵团、幸福兵团、美丽兵团等具有极其重要的理论与现实意义。

1.2 国内外研究述评

1.2.1 碳排放测度的相关研究

精准的碳排放测度是界定高排放产业、剖析排放诱因、探寻减排路径的实证基础，国外学者关于碳排放测度已经形成较为成熟、完善的测算方法。国外对于温室气体的研究相对较早，且基于联合国政府间气候变化专门委员会（IPCC）公布的碳排放核算方法（简称 IPCC 核算方法）的研究较为广泛。具体来看：①在国家碳排放的研究上，Werf（2010）基于 IPCC 核算方法测算欧洲地区化石能源消耗的碳排放；Zhang X P 等（2009）、Kaplan J O 等（2011）、Liu M H 等（2013）在探讨能源消费与碳排放量相关性的基础上，以 IPCC 排放因子法核算了国家的碳排放总量。②在城市碳排放的研究上，基于同种方法对特大城市的碳排放进行度量，能反映城市集聚特征与碳排放之间的相关关系（Duren R M 等，2012）；如果选取京津冀经济带为研究区域，可基于 IPCC 排放因子法测算工业碳排放量（Wang Z 等，2015）。③在行业碳排放的研究上，基于农业行业的能源消费视角，可采用 IPCC 碳核算体系探究农业能源消耗所产生的碳排放量及其特征（West T O 等，2002）。基于工业行业视角，计算工业行业碳排放量，预测了 2050 年工业碳排放的发展趋势（Allwood J M 等，2010）。此外，基于中国 135 个行业的清单和投入产出情况，采用以上方法可对其资源使用量和经济发展中的碳排放量进行行业描述（Zhang R 等，2010）。

国内学者兼收并蓄，将碳排放的测度广泛运用于区域环境质量、行业绿色生产的评价。纵观国内研究成果，学术界对碳排放测度的方法主要有排放系数法（范建双等，2019）、投入产出法（马艳艳等，2017；王保乾等，2019；王莢等，2019）、生命周期法（卢平平等，2015）、生活方式分析法（王婧婕等，2014）、实测法（徐磊等，2017）和物料衡算法（吉红洁等，2015）。其中，社会科学类学者多用排放系数法与投入产出法对碳排放程度进行估算，而生命周期法、生活方式分析法、实测法与物料衡算法源于需要实地考察、资料数据获取困难等限制因素，多用于工业等行业实际生产中的研究（计志英等，2016）。并且，在具体实践过程中，基于排放系数法的 IPCC 核算方法因具有普适性、简单易行，在学界中备受青睐。如石培华等（2011）、郭义强等（2010）和程叶青等（2014）基于全国二氧化碳排放数据和 IPCC 核算方法测度了区域二氧化碳排放的年增长量；计志英等（2016）运用 IPCC 的二氧化碳排放量测算方法，在省际层面测度了我国家庭部门直接能源消费碳排放；王兆峰等（2019）、李珊珊等（2019）将碳排放测度与数据包络分析相融合，利用 IPCC 核算方法测度了区域碳排放，并在此基础上分别运用 SBM - DEA - Malmquist 指数与DEA - Malmquist 指数测算了全要素碳排放效率。

1.2.2 碳排放影响因素的相关研究

（1）对碳排放影响因素进行剖析是探寻节能减排路径、实现防污控污的必由之路。早期的文献多认为人口、技术、人均收入、经济水平、工业化程度、能源强度和能源结构等是影响区域碳排放因素的内在原因（庄贵阳，2007；冯相昭等，2008；袁路等，2013；秦军等，2014；Ang B W 等，2016），而行业碳排放的影响因素则需根据各个行业的生产特征进行具体分析。近年来学界开始重点关注人口问题、结构问题或制度问题对碳排放造成的影响。①人口过多则能源消费需求更多，继而碳排放总量将会增加。对碳排放构建 LMDI 模型分析后发现，经济增长对碳排放具有较高的影响效应，而劳动力人口对碳排放的影响效应最低（Houghton R A，2012）。基于同种模型对地区碳排放因素分解发现，人口是碳排放最重要的影响因素，人均 GDP 和能源强度对碳排放也有重要影响（Guangyue X 等，2011）。②结构问题上常见的有能源结构、经济结构和产业结构对碳排放量的影响。经济规模的增长和以工业为主的不合理的产业结构是我国碳排放量快速增长的主要原因（杭晓宁等，2018）。城市群的产业结构高级化比产业结构合理化对碳减排的效果更好（张琳杰等，2018）。③制度问题的关注点聚焦在环境规制上。环境规制对碳排放的影响存在门槛效应（李珊珊等，2019）。当以能源禀赋为门槛时，有效的环境规制能够缓解"资源诅咒"对碳排放的加剧作用（于向宇等，2019）；当以外商直接投资（FDI）为门槛时，非正式环境规制有利于外商直接投资抑制碳排放强度（江心英等，2019）。

（2）从影响因素探究的方法来看，当下对碳排放影响因素的研究多集中于 LMDI 分解法（Wang Z 等，2015；Ang B W 等，2016；徐盈之等，2010）、Divisia 分解法（王圣等，2011）、Kaya 恒等式的分解公式（戴小文等，2015）、格兰杰因果关系检验（赵哲等，2018）、灰色关联法（王永哲等，2016）与回归分析（张琳杰等，2018；王兆峰等，2019；于向宇等，2019；江心英等，2019；李珊珊等，2019）这 6 种方法上。其中，LMDI 分解法在碳排放议题上的应用更为广泛，且涉及区域与行业多个方面。在区域应用方面，利用 Tapio 模型和 LMDI 分解模型对东北三省的能源消费碳排放的脱钩效应和影响因素进行了分析（王越等，2019）；以长株潭城市群为研究样本，应用 LMDI 分解模型与 Tapio 脱钩模型对长株潭城市群土地利用碳排放变化的影响因素及其与经济增长间的内在关系进行了定量分析（李键等，2019）。在行业应用方面，在对 2005—2014 年广东物流产业碳排放测算的基础上，采用 LMDI 分解模型对其碳排放影响因素进行分解，发现经济对于物流业的碳排放起显著推动作用，能源结构的推动力次之，而能源效率显著抑制了物流业的碳排放增长（胥爱霞，2018）；构建脱钩指数测算 2007—2016 年工业增长和二氧化碳排放之间的脱钩关系，且利用 LMDI 分解模型分析能源结构、能源强度以及产业结构的变动对工业碳排放的贡献率大小（曲健莹等，2019）；基于 1996—2017 年京津冀的产业碳排放面板数据，运用脱钩模型和 LMDI 分解模型探讨了影响地区产业低碳发展的诸多因素（王凤婷等，2019）。

1.2.3 碳减排路径的相关研究

探寻兼顾经济与环境的减排路径、实现增长与污染的脱钩是进行碳排放研究的最终归宿。基于此，学界已作出了许多贡献，也提出了诸多见解，核心观点主要围绕落实碳税、完善碳交易市场、改善能源结构、加快产业结构调整、促进技术进步等方面展开。具体来看，又包括以下 5 个方面。

（1）落实碳税能够有效制约企业的碳排放行为。马秀梅（2011）介绍了碳税的概念和内涵，并分析了征收碳税可能会对我国经济发展产生的正面影响和负面影响；王文举、范允奇（2012）认为在不同地区碳税对能源消费、经济增长都有明显的抑制效应，且从西到东逐渐增强，我国可以根据区域差异制定不同的碳税政策；周建国等（2016）则认为应仿照世界多数国家的标准，按照消费能源的估计含碳量，即化石能源的消耗量乘以二氧化碳的排放系数来确定缴税标准，且应将碳税设计成中央与地方的共享税种。

（2）完善碳交易市场是控制碳排放的主要政策工具。我国的碳排放权交易市场已初步建成，但仍不完善，还存在诸多问题（程会强等，2009），有必要建立碳交易市场和完善运行机制（范晓波，2012；相震，2012）。目前，碳排放权交易制度和碳税制度是世界各个国家和地区减少温室气体排放的最主要的经济手段和政策工具；而中国的碳交易市场建设，既要遵循碳交易市场的基本原理和充分借鉴国际实践经验，更要从中国的实际出发，走有中国特色的碳交易市场发展之路（张希良等，2021）。不同类型碳减排政策（节能目标、新能源补贴和碳市场）的影响效应呈现出一定的差异性（李锴等，2020），节能目标政策更能显著推动工业结构低碳化升级，新能源补贴效果存在区域性和滞后性，碳市场表现不显著。

（3）改善能源结构能够减少碳排放，但其减排效果却饱受争议。能源消耗强度和产出碳强度是抑制碳排放增加的重要因素，能源强度减碳作用微弱（田泽等，2021）。能源效率（王少剑等，2019）、能源结构及碳收集的改善（简晓彬等，2021）有利于我国的减排实践。与之相反，有学者构建马尔科夫链模型预测河北未来能源消费结构，证明能源消费结构优化对碳强度目标贡献潜力作用有限，通过各种组合情景调整能源消费结构，能源消费结构在最理想状态下对碳强度目标的贡献潜力也只有 16.7%～17.8%。

（4）加快产业结构调整是减少碳排放的关键路径。建立空间杜宾模型证明了产业结构高级化与产业结构合理化均对本地区和相邻区域的碳生产率具有显著的促进作用，且产业结构高级化的促进效应更大（王淑英等，2021）。利用 LMDI 分解模型能证明，随着能源强度降低和产业结构调整，我国总体碳排放强度和第一、二、三产业碳排放强度均呈下降趋势，进而认为在碳排放治理的过程中，应深化产业结构调整、提高能源利用水平、降低工业能源利用强度（刘婧等，2020；方宇衡，2020）。对于低碳成长型城市，优化产业结构、提升城镇化质量是减少碳排放的关键；对于低碳后发型城市，实现低碳发展需在促进经济增长的基础上，加快淘汰落后产能，加速产业升级转型（禹湘等，2020）。

（5）技术进步是产业碳强度降低的重要动力来源。有学者通过 STIR-PAT 模型证明了技术进步是促进碳减排的关键因素（田泽等，2021）。也有学者采用空间计量模型证明了经济集聚不仅对碳排放强度产生先促进后抑制的直接影响，而且能通过技术进步对碳排放强度发挥间接的抑制效应，技术进步具有显著的中介效应（吕康娟等，2021）。还有学者使用非参数指数分解法测定有偏技术进步指数及能源要素节约偏向，证明了有偏技术进步存在显著的减排效应，但碳排放权交易价格单独产生的减排效应并不强（刘自敏等，2020）。

1.2.4 新疆碳排放的相关研究

对新疆碳排放进行深入探讨有助于为新疆走绿色低碳发展道路、实现高质量发展提供理论依据。现有碳排放方面的研究多针对全国以及各省份，单独针对新疆碳排放的文献还相对较少。经过对现有文献的梳理，发现对新疆碳排放的研究主要从碳排放的核算、碳排放影响因素、各行业碳排放、碳排放的预测几方面展开讨论。

（1）新疆碳排放的核算是对碳排放进行深入分析的数据基础。对新疆碳排放数据的关注程度在不断提高，但由于公开的核算数据不足且数据核算方法的内在逻辑具有未知性，部分核算数据差值偏大（李记红，2015），同时新疆各地区多年的温室气体排放清单及能源平衡表未见公开且存在时间滞后性（努尔泰·吾伦别克等，2021），故学者多采用排放系数法、空间拟合法、实测法、土地利用系数法等方法核算新疆碳排放量，得到较为准确的数值。其中，具有普适性且简单易行的排放系数法成为学者使用频率最高的方法，核算时采用的碳排放系数取自 IPCC 提出的《IPCC 国家温室气体清单指南》（张萌等，2015）。采用《IPCC 国家温室气体清单指南》计算新疆行业能源消费碳排放总量，基于此展开影响因素与碳减排分析（秦建成等，2019）；利用排放系数法对新疆 1997—2007 年能源消费碳排放进行核算（王长建等，2016b）；在能源数据相对缺乏的情况下，利用排放系数法计算出的关于城市尺度的碳排放问题的研究有待深入，故关于空间尺度的研究应运而生（史安娜等，2019）。一氧化碳排放网格化数据为城市碳排放空间化研究提供了较好的数据基础，故基于中国高空间分辨率网格数据探讨了新疆二氧化碳排放的空间特征，但空间拟合法在针对新疆的碳排放核算研究的文献中还是比较鲜见（陈前利等，2016）。除此之外，实测法、土地利用系数法都是在现有对新疆碳排放核算的研究中使用频率较低的方法。实测法出于需要实地考察、实验限制等原因，多用于某具体行业实际生产中的研究，而土地利用系数法主要针对各土地利用碳排放量的测算，如耕地、草地、林地、建设用地等，故在现有对新疆碳排放核算的研究中仍以排放系数法为主要方法。

（2）对新疆碳排放影响因素的研判是实现碳减排的方向把控。人口增长、经济发展、技术进步、产业结构、环境规制、能源消费以及能源结构等都是影响新疆碳排放的主要驱动因素（王长建等，2016a；祝宏辉等，2018；郭卫香等，2018；高志刚等，2020）。造成天山北坡经济带碳源区碳排放量增长的主要因素为城镇总人口、第一产业收入、GDP、第二产业收入和货物周转量，具体来看，人口增加导致区域能源消耗增加，故碳排放总量随之增加（陈煜等，2014）。利用 LMDI 分解法对新疆能源碳排放进行因素分解，发现人口规模效应对碳排放而言是正向驱动因素（何昭丽等，2013）。在经济方面，新疆碳排放和经济增长彼此之间有正向的促进作用，两者之间存在长期均衡关系（张志强等，2013），且新疆经济更加偏向碳排放较高的行业，新疆能源碳排放量与经济增长出现较强协调关系（孙郁峰等，2019）。在产业方面，第二产业与新疆碳排放的关联度最高（宋梅等，2014），且新疆第二产业中工业产业结构偏重，工业碳排放量占新疆碳排放总量的绝大部分（秦建成等，2019），故优化产业结构可以促进新疆地区碳排放量下降（周灵，2018）。在环境规制方面，正式环境规制对新疆具有显著的碳减排效应，非正式环境规制对碳排放强度的影响并不显著（高志刚等，2020）。在能源方面，能源强度效应、能源结构效应和能源替代效应均是遏制新疆碳排放增长的主要贡献因子（王长建等，2016）。

（3）各行业碳排放是新疆碳排放的重点内容，从行业等角度细分领域对碳排放的研究日益增多。现有学者已对新疆纺织服务业（巩小曼等，2021）、旅游业（王琦等，2018）、工业（孙慧等，2014）、农业（张红丽等，2018）、畜牧业（唐洪松等，2017）、热电业（王伟德，2018）、物流业（冯婷婷，2016）、高排放产业（朱金鹤等，2021a）等领域的碳排放展开研究。其中，工业是新疆碳排放的主要来源。对新疆农业、工业、建筑业、交通业、商业和服务业的碳排放进行分析，发现工业是新疆能源消费碳排放的主体，工业碳排放总量最大、增长最快，且工业的碳排放强度最高，工业能源强度和工业能源消费结构能够抑制工业碳排放增加（秦建成等，2019）。此外，新疆农地利用碳排放量呈上升趋势，并且具有明显的空间差异（苏洋等，2013）。新疆纺织服务业、旅游业碳排放量均有所增加，其中：纺织服装业仍以煤能源消耗为主，能源结构与能源利用效率有待进一步优化（巩小曼等，2021）；旅游业方面，新疆尚未实现"低碳旅游"，通过"自下而上"地从旅游交通、住宿、旅游活动三方面对碳排放进行分析，发现研究区间内新疆旅游业碳排放持续增加，旅游业碳排放与旅游经济以弱脱钩关系为主，实现"低碳旅游"仍需努力（王琦等，2018）。高排放产业方面，高排放产业是指能源消耗标准煤量较高的产业，标准煤量与碳排放量密切相关，两者基本呈正比例关系，实现新疆的绿色低碳转型务必要重视高排放产业的碳减排（朱金鹤等，2021b）。

（4）新疆碳排放的预测为新疆实现碳达峰、碳中和目标提供政策指引。对于新疆碳排放量的峰值预测，现有学者多采用情景预测方法、峰值模型、环境EKC 曲线（胡方芳等，2019）和 STIRPAT 模型等，以期得到新疆在不同情境下的碳达峰时间，为新疆采取具体减排措施提供方向，为新疆建立低碳发展长效机制提供支撑，促进新疆顺利实现碳达峰。选取 STIRPAT 拓展模型，运用 OLS 岭回归并结合情景分析法模拟新疆 2020—2040 年碳排放量，发现在基准情景下，新疆 2040 年尚未实现碳达峰，只有绿色发展情景是新疆实现碳达峰的最优路径（闫新杰等，2022）。将环境规制纳入预测模型，在弱、中、强3 种环境规制情景下设定 9 种发展模式，以分析环境规制对新疆能源碳排放峰值的影响，发现仅中低、低高两种发展模式能够如期实现碳达峰目标（李莉等，2020）。可见，新疆总体面临着较强的减排压力，在目前趋势下于 2030 年前实现碳达峰存在困难，需要实施更严格的减排措施。

1.2.5 文献评述

综上，国内外学者对碳排放的研究从 20 世纪起就开始大量出现，为当前碳排放研究提供了较为完善的研究方法和丰富的数据基础。但根据研究背景及研究成果，碳排放相关研究也存在以下不足：①在研究对象上，大部分研究基于区域或者行业整体的碳排放领域展开，关于高排放产业的碳排放研究相对较少，针对兵团的研究更是匮乏；②在研究方法上，已有研究只是采用一种方法进行影响因素的探究，研究缺乏对照组，其稳定性与可信度不足；③在研究深度上，以往文献大多只关注碳排放测度、碳排放影响因素或减排路径中的一个环节，分析过程缺乏系统性和完整性。

因而，本书试图从以下方面进行拓展：①在研究对象上，当下针对高排放产业的碳排放研究相对较少，且针对兵团低碳路径的相关研究极度缺乏，因而本书选择兵团作为研究样本，通过温室气体清单编制中的排放因子对兵团工业的碳排放进行测算，并在界定兵团高排放产业范围的基础上展开研究，以确保研究对象更加精准和具有针对性；②在研究方法上，本书对测度方法和分析方法进行改进，采用多种方法综合对比分析，通过对 Kaya 恒等式的分解，基于LMDI 分解法在碳排放分析上的应用来探究产业规模因素、产业结构因素、能耗强度因素、能源结构因素对碳排放的影响，采用 STIRPAT 模型对兵团高排放产业碳排放的影响因素进行稳健性验证；③在研究深度上，本书将系统论的思想贯穿于整个设计过程，立足于兵团高排放产业的碳排放测度、碳排放影响因素、减排路径三个层次。

1.3　研究内容

本书由 9 章内容构成：第 1 章介绍研究背景、研究意义、研究内容与研究思路，第 2 章介绍基本概念、研究方法与理论基础，第 3 章主要分析兵团高排放产业的能耗现状及减排困境，第 4 章测度兵团高排放产业碳排放及其特征，第 5 章对兵团高排放产业碳排放的多重效应进行分析，第 6 章针对兵团高排放产业碳排放进行影响因素分析，第 7 章针对兵团高排放产业构建系统动力学模型并进行路径分析，第 8 章提出政策与建议，第 9 章总结主要研究结论、研究创新及展望。各章涉及的主要内容如下。

第 1 章，导论。简要介绍新疆与兵团低碳发展的现实条件，提出了新疆与兵团碳排放问题研究的重要性及迫切性，并对碳排放的文献综述、研究意义、研究内容以及技术路线进行了阐述说明。

第 2 章，概念界定、研究方法与理论基础。首先，对高排放产业、碳排放、碳减排等相关概念进行界定；其次，对涉及的 LMDI 分解法、IPCC 排放因子法、系统动力学模型等研究方法展开简述；最后，对低碳发展的相关基础理论进行梳理，重点介绍了脱钩理论、环境库兹涅茨曲线理论、低碳经济发展理论、循环经济理论，以及外部性与污染权交易理论。

第 3 章，兵团高排放产业的能耗现状及减排困境分析。由于能源消耗是碳排放的主要来源，所以本章基于碳源视角对兵团和各个行业的能源消耗特征进行系统分析，以期从源头对新疆及兵团的温室气体污染进行理论铺垫与解释说明。一方面，识别兵团高排放产业并研究其成因，从能耗总量、能耗占比、能耗强度等多方面阐明高排放产业的能耗现状。另一方面，从行业特性和行业共性两个层面剖析兵团高排放产业的减排困境。

第4章，兵团高排放产业碳排放测度及排放特征分析。首先，基于IPCC排放因子法计算兵团整体和高排放产业的碳排放量；其次，测算得出高排放产业碳排放总量、增速状况、占比现状、排放强度等指标；最后，根据以上测算结果，分别从兵团总体视角和师域视角，对高排放产业碳排放的占比特征、强度特征等展开总结概括。

第5章，兵团高排放产业碳排放的多重效应测度。运用空间计量方法、格兰杰因果关系检验、脱钩系数指数等方法分析碳排放的影响。一是对兵团高排放产业碳排放效应进行分类，二是测度兵团高排放产业对相邻区域碳排放的外溢效应，三是描绘兵团高排放产业的碳排放足迹，四是测算兵团高排放产业碳排放的脱钩效应，五是探析兵团高排放产业碳排放与能源消耗、产业结构的因果关联效应。

第6章，兵团高排放产业碳排放的影响因素分析。本章旨在识别影响兵团高排放产业碳排放的主要因素，以期为路径分析和政策建议提供实证支撑。一方面，通过对Kaya恒等式的分解，并基于LMDI分解法探究产业规模因素、产业结构因素、能耗强度因素、能源结构因素对碳排放的影响；另一方面，运用STIRPAT模型分析兵团高排放产业碳排放的影响因素，以证明LMDI模型结果的稳健性。

第7章，基于系统动力学模型的兵团高排放产业低碳发展路径选择。首先，构建兵团高排放产业低碳发展系统动力学模型；其次，根据高排放产业碳排放各影响因素的贡献度差异，分别评估兵团产业规模调整下、科教投入比例调整下、环境治理投入比例调整下以及能源消耗结构调整下等情景中兵团高排放产业碳排放的变动幅度；最后，将以上因素同时纳入系统动力学模型，进行组合因素的动态仿真，旨在探索适合兵团的、更可行的碳减排路径。

第8章，政策建议。通过背景及理论探讨、实践经验总结、实证数据分析、系统仿真、高排放产业低碳发展路径选择探讨，在兵团高排放产业客观发展的现有条件下，围绕产业结构优化、能源结构调整、生产技术革新与环境治保管理4个层面分别提出针对性的政策建议。

第9章，研究结论与研究展望。

1.4　研究思路与研究框架

1.4.1　研究思路

基本思路如下：第一，先通过能源消耗总量对兵团高排放产业进行界定，识别出兵团十大高排放产业；第二，从能耗总量、能耗占比、能耗强度等能耗现状对兵团和全国水平进行对比，并剖析兵团高排放产业碳减排的困境及障碍；第三，运用 IPCC 公布的碳排放计算公式，通过温室气体清单编制中的排放因子对兵团工业的碳排放进行计算，并从总量、增速、占比、强度等方面分析兵团高排放产业碳排放特征；第四，对兵团高排放产业碳排放效应进行分类测度，包括外溢效应、碳排放足迹、脱钩效应和因果关联效应等；第五，采用 LMDI 分解法和 STIRPAT 模型对十大高排放产业进行碳排放影响因素分解分析；第六，基于系统动力学模型从单因素和组合因素两个层面探究兵团高排放产业的低碳发展路径；第七，根据文献分析、理论分析、现状分析、实证分析与路径分析，提出兵团高排放产业节能减排的相关政策建议。

1.4.2　研究框架

在研究主线逻辑上，秉持背景分析与现状分析相结合、理论分析与实证分析相结合的原则，在此基础上进行路径分析。首先，基于碳源视角对兵团主要工业产业的能源消耗特征进行全面分析与总结；其次，通过 IPCC 排放因子法对兵团高排放产业的碳排放指标进行核算；然后，采用 LMDI 分解法对兵团高排放产业的碳排放影响因素进行分解；最后，基于上述的实证研究结果，通过系统分析的低碳路径设计，采用仿真模拟的方法探讨兵团高排放产业低碳发展的路径选择、政策建议。

在研究方法上，综合运用文献调查法、归纳总结法、比较分析法、LMDI 分解法、STIRPAT 模型、系统动力模型和演绎推导法。基于兵团低碳发展的现实条件，面向兵团高排放产业，首先识别了兵团高排放产业的能耗现状及减排困境，其次测度了兵团高排放产业的碳排放，然后采用 Tapio 脱钩分析模型、格兰杰因果关系检验、LMDI 分解法、STIRPAT 模型探索了影响兵团碳排放的各个要素，此外采用 Vensim PLE 软件进行兵团碳排放仿真模拟分析，最后针对研究结果运用演绎推导法对兵团高排放产业的低碳发展进行路径设计（图 1-2）。

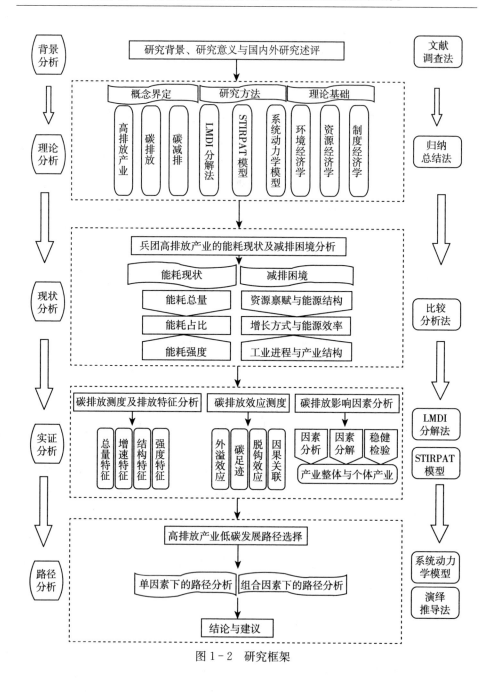

图 1-2　研究框架

第 2 章　概念界定、研究方法与理论基础　/////

2.1　概念界定

2.1.1　高排放产业

　　高排放产业又被称作高碳产业、高耗能产业，其产业范围仍未严格界定（孙建，2018；单译纬，2020）。目前国内外学者对高排放产业的内涵界定主要分为两个方面。一方面，从高排放产业的内在含义进行解释说明。高排放产业是指在企业生产中的一次能源或二次能源消耗量、能源成本占比较大的能源密集型产业（毛绮梁等，2014）。近年来，国内学者对高排放产业的定义作出了诸多阐述，如高排放产业主要涉及资本密集型产业、污染型产业（刘汉初等，2019），可将高碳产业视为高能源消耗量、高碳排放量的产业（查振涛，2020）。也有学者认为高耗能产业是指能耗成本在生产成本中占比大的产业（单译纬，2020）。而根据《中华人民共和国 2017 年国民经济和社会发展统计公报》中对高耗能行业的划定标准，将黑色金属冶炼和压延加工业、化学原料和化学制品制造业等六大行业划定为高耗能行业。另一方面，通过可量化指标的标准识别地区的高排放产业。国内学者普遍通过工业能耗占比、碳排放量标准及能耗强度来界定地区的高耗能行业（孙建，2018）。高排放产业并没有统一的标准，其是通过产业的碳排放量、能源消耗强度等指标的比较而得出的（黄蕾等，2013）。有学者通过比较规模以上工业各行业之间的能源消耗标准煤量，筛选出了前十名列为地区高排放产业（朱金鹤等，2021b）；也有学者通过测算能源消耗量与二氧化碳排放量，最终筛选出高耗能和高排放的行业（周喜君等，2021）。

　　因此，结合以上学者的观点以及兵团实际情况对高排放产业的判断依据，在第 3 章中对兵团近年来各产业的能源消耗量进行计算，得到所有产业的能源消耗量并进行比较，将 2005—2018 年碳排放量排名前十位的"电力、热力生产和供应业，化学原料及化学制品制造业，石油、煤炭及其他燃料加工业，非金属矿物制品业，食品制造业，黑色金属冶炼和压延加工业，农副食品加工业，纺织业，煤炭开采和洗选业，化学纤维制造业"作为兵团高排放产业。

2.1.2 碳排放

碳排放是指向大气中释放碳的过程。碳元素是自然界与生命组成中不可或缺的元素，人类所进行的各种活动都有可能造成不同程度的碳排放（张云波，2021）。广义上，在《联合国气候变化框架公约京都议定书》中所提到的碳排放，是指需严格控制的 6 种温室气体的排放，如二氧化碳、甲烷、氧化亚氮与氟氯碳化物（氢氟碳化合物、全氟碳化合物、六氟化硫）；狭义上，碳排放单独指增温贡献率最高的二氧化碳的排放（单译纬，2020）。2019 年全球二氧化碳排放量达 341.7 亿吨，1965—2019 年年均复合增速为 2.1%，二氧化碳排放量是监测温室气体排放的主要指标之一，因此本书将二氧化碳排放总量视为碳排放的衡量指标。在现有研究中，主要利用 IPCC 提供的碳排放计算方法，应用 8 种化石能源消耗量来估算碳排放总量（付云鹏等，2015；周四军等，2020）。孙建（2018）提到，所谓的碳排放，是指由于人类生产生活对气候变化造成明显影响的 6 种温室气体排放，如二氧化碳、甲烷、氧化亚氮、氢氟碳化合物、全氟碳化合物、六氟化硫。综合已有研究，通常从能源消耗角度对碳排放量进行计算。煤炭、石油、天然气作为企业及生活中主要的能源消耗，因而它们被选为本书重点考察的能源消耗样本，来探究兵团的能源消耗总量、能源结构、能耗强度、产业结构、产业规模，并进一步计算兵团整体及各行业的碳排放量。

2.1.3 碳减排

碳减排即减少二氧化碳的排放量，是为了实现气候环境与经济社会的可持续发展。中国当前要实现碳达峰目标和碳中和愿景的任务艰巨。国外学者基于利益者的角度将碳减排理解成企业为平衡各利益相关方的权益，对自身稀缺资源进行合理配置，并对各利益相关方的合理诉求做出反应的行为过程（Homburg A 等，2006）；如果从业务管理的角度定义碳减排，可视作企业在管理过程中部署的相关政策（Sarkar R 等，2018）。自 1997 年各缔约方签订《联合国气候变化框架公约京都议定书》以来，碳交易领域的相关研究被广泛关注，有学者提到消费者领域碳减排的相关概念等（赵立祥等，2019）。此后，国内学者提到两条碳减排的重要路径：一是通过提高新能源和清洁能源的比重以加速能源结构转型，二是通过提升能源使用效率来减少能源的使用（周喜君，2018）。碳减排实际上是调整碳能源结构、提高企业生产技术及实施减碳政策，从而降低碳排放量，寻求地区节能、减排、低碳的绿色健康经济发展模式。兵团碳减排的核心在于提高兵团当地经济发展能力，同时降低各产业碳排放量，实现兵团低碳经济发展目标。因此，本书基于兵团高排放产业和各行业的碳排放进行减排影响因素分析，对兵团高排放产业的低碳发展路径进行针对性设计与探讨。

2.2　研究方法

2.2.1　LMDI 分解法

目前研究碳排放影响因素的因素分解法主要有两大类：一类为基于投入-产出模型的结构分解法（SDA），另一类为指数分解法（IDA）（揭俐，2020）。随着碳排放问题研究的深入，由于不同部门对能源消耗和碳排放会产生直接或间接的较为复杂的关系，后来将结构分解法拓展应用到碳排放问题的研究上。指数分解法是基于对碳排放影响因素的定性分析，将碳排放因素分解为由多个因素相乘形成的 Kaya 恒等式形式，然后基于权重分解的思想找出各种影响因素对碳排放变化量的贡献度进行定量分析，从而找出碳排放变化的内在原因。结构分解法的运用对数据要求较高，且指数分解法运用的时间较早，因此相比之下在碳排放问题的研究上指数分解法的应用较为普遍。常见的指数分解法包括简单平均分解法（Sample average division，SAD）等。其中，简单平均分解法中的 LMDI 分解法，最早是由 Ang 等学者综合前人方法后提出的。由于其在公式运用上的简便性和准确性，在国内外多被用来研究国际生态环境领域（孙建，2018）。

采用 LMDI 分解法对兵团高排放产业碳排放的影响因素进行研究，从能源结构、能耗强度、产业结构、产业规模 4 种因素的变动进行分解，从而得到各种因素对兵团高排放产业碳排放量变动的影响程度。

2.2.2　STIRPAT 模型

运用 STIRPAT 模型进一步检验兵团碳排放影响因素的稳健性。STIR-PAT 模型是可拓展的随机性的环境影响评估模型，即将人口、财产、技术这三个自变量和环境压力这一因变量之间的关系统一于一个等式中，研究它们之间的相互影响关系（揭俐等，2020）。20 世纪后期美国生态学家埃尔利希（Ehrlich）和霍尔德伦（Holdren）提出了 IPAT 模型，很好地将人口、财富与技术三者统一于一个恒等式中，主要研究人口、财富、技术对环境产生的重要影响（黄秀莲等，2021）。由于 IPAT 模型在构建时假设各影响因素之间呈现等比例的相互关系，所以随着此模型的大量使用，不能很彻底地分析某一个因素对环境的影响。为了解决上述问题，在原有 IPAT 模型的基础上建立了多变量非线性随机回归模型（STIRPAT 模型），并根据现实需要对其不断地进行改进（黄秀莲等，2021）。为克服 IPAT 方程的缺陷，Dietz 和 Rosa 提出了随机性环境影响评估模型，即 STIRPAT 模型（周鑫鑫，2019），其一般表达式为：

$$I_i = aP_i^b A_i^c T_i^d e_i \qquad (2-1)$$

其中，I、P、A、T 分别表示环境压力、人口数量、人均财富和技术，a 代表模型系数，b、c、d 分别指人口、财富和技术三大因素的系数指数，e 为模型误差，i 表明不同的研究对象具有不同的模型参数。如果 $a=b=c=d=e=1$，则说明各影响因素是等比例设定，这就使 STIRPAT 模型还原成了 IPAT 模型，说明所使用的模型保留了 IPAT 模型中各影响因素的相乘关系。而本书是需要运用 STIRPAT 模型，即多自变量非线性随机回归模型，所以为很好地计算和解释自变量对因变量的影响情况，模型两边同时取对数：

$$\ln I = \ln a + b(\ln P) + c(\ln A) + d(\ln T) + \mu \qquad (2-2)$$

STIRPAT 模型的优势在于可将人口、财富和技术三大影响因素进一步分解，鉴于 STIRPAT 模型的灵活性，可以根据研究目的将相关变量添加到原始模型中。本书将会把能源结构因素、能耗强度因素、产业结构因素、产业规模因素作为影响兵团高排放产业碳排放的 4 种因素，深入分析这 4 种因素对兵团碳排放影响的共同性和差异性。

2.2.3　系统动力学模型

系统动力学，英文名为"System Dynamics"，是一门综合了统计学、动力学等多门学科的交叉性、综合性学科，主要用于研究多线性、多变量、高阶次和多重反馈的复杂系统问题，也可以用于定量和定性地分析历史、剖析现在和研究未来，是实现经营管理现代化和决策科学化的强有力的手段（揭俐等，2020）。系统动力学最早出现于 1956 年，是美国麻省理工学院福瑞斯特（Jay

W Forrester）教授为分析生产管理及库存管理等企业问题而提出的系统仿真方法（孙才志等，2021）。1961 年，福瑞斯特教授在《工业动力学》一书中阐述了系统动力学的理论、原理和应用，该书被誉为系统动力学最权威的著作（焦连成等，2007）。20 世纪 70 年代后，系统动力学的理论和应用渐趋成熟；20 世纪 90 年代，系统动力学已经被国际学术界公认为处理复杂系统、复杂性问题的主要研究方法，尤其在管理学研究中更是成为主流研究方法之一（邵海琴等，2021）。历经 60 余年的发展，现如今系统动力学的理论和方法应用已遍及各种学科和领域。20 世纪 80 年代以来，我国学者运用系统动力学在国民经济、区域与城市发展、企业研究、生态环保、可持续发展等研究领域获得了众多研究成果，为我国社会主义经济发展做出了贡献（焦连成等，2007；邵海琴等，2021）。

利用系统动力学建立模型，首先以理论基础为依据构建系统结构图，其次用因果关系图和存量流量图描述系统各个要素之间的逻辑关系，用方程公式描述系统内各个变量相互间的数量关系，最后用系统动力学的计算机仿真软件进行模拟（李鹏博，2021）。在建模过程中，主要分为以下几个步骤：第一步，熟练运用系统动力学的知识理论、原理和方法，并对研究对象进行较为系统、整体的分析、调查和了解；第二步，系统地进行结构分析，分清系统的各个层次与各个子模块，确定整体与部分的反馈机制；第三步，运用专门的计算机绘图软件进行建模，同时建立定量、整合的模型；第四步，检验评估模型，确保模型的有效性；第五步，以系统动力学理论为导向，使用模型进行模拟与政策分析。

本书从系统动力学视角构建的兵团高排放产业的低碳发展路径选择主要包括两类：一是基于单因素调整的低碳发展路径（产业规模调整下的低碳发展路径、科教投入比例调整下的低碳发展路径、环境治理投入比例调整下的低碳发展路径、能源消耗结构调整下的低碳发展路径），二是基于组合因素调整的低碳发展路径。在系统动力学的研究体系基础上探索兵团高排放产业的低碳发展路径，充分展现了系统动力学方法在兵团高排放产业的低碳发展路径选择方面的应用。

2.2.4　其他方法

（1）规范分析法与定性分析法。一方面，梳理碳排放的测度研究、碳排放的影响因素研究、碳排放的路径研究，并在此基础上对兵团高排放产业进行界定，对兵团高排放产业的能耗现状进行评价，对不同的高排放产业的困境和障碍进行阐述，这些都离不开规范分析法的运用。另一方面，界定高排放产业、碳排放与碳减排等相关概念，识别兵团高排放产业与兵团高排放产业碳排放特征等，这些都属于定性分析法的运用。

（2）比较分析法。通过对比兵团高排放产业产值与兵团工业产值，比较兵团高排放产业能源消耗水平与兵团能源消耗总量、工业消耗总量，测算兵团高排放产业能源消耗水平；计算各类能源碳排放占比，发现兵团工业碳排放90%以上来源于十大高排放产业。同时，从能耗总量、能耗占比、能耗强度等能耗现状对兵团和全国水平进行对比，并剖析兵团高排放产业碳减排的困境及障碍。这都体现了比较分析法的运用。

2.3　理论基础

2.3.1　脱钩理论

"脱钩"（Decoupling）一词源于物理学研究领域，表示两个变量之间关系的弱化或消失，其概念最早在 20 世纪 60 年代被提出，用来形容阻断经济增长与资源消耗、环境污染之间的关联性（彭红松等，2020）。21 世纪初，经济合作与发展组织（OECD）发布的《由经济增长带来环境压力的脱钩指标》报告首次提出碳排放脱钩概念，认为随着专业化分工、技术进步及溢出，经济增长对生态环境的冲击力逐渐减弱，经济增长与环境污染之间不再存在相互联系，从而实现脱钩。随后，脱钩理论普遍用于测度经济发展与生态环境之间的相互关系，成为衡量经济可持续发展水平的重要理论（姜玲等，2019）。脱钩理论实质上用于研究区域经济增长与区域资源，表明脱钩理论通过技术进步、产业调整等能够实现经济的低碳发展，从现实来看各国都面临着经济发展之后治理污染成本巨大的情况（冯宗宪等，2015）。

目前，较为常用的脱钩方法有两种：一是弹性分析，即 Tapio 脱钩模型；二是脱钩指数法，即 OECD 脱钩模型（孙建，2018）。①Tapio 脱钩模型通常以上一年的数据作为基期，通过比较环境与经济增长的脱钩弹性指数来客观地判断经济增长与环境的脱钩程度。②OECD 脱钩模型是在测算脱钩数值时基于固定的基期，当基期数据变动时所测得的脱钩数值也会随之变动，并将脱钩分为两种状态——相对脱钩和绝对脱钩。相对脱钩指在经济不断增长的同时，对资源和环境的压力以一种相对较低的比率增加；绝对脱钩指在经济不断增长的同时，对资源和环境的压力在不断减少（董会忠等，2021）。鉴于 OECD 脱钩模型的稳定性比 Tapio 脱钩模型更差，尤其是当研究期间跨度较大时 OECD 脱钩模型的测算结果缺乏一定的参考价值。因此，选取 Tapio 脱钩模型对兵团能源消费碳排放与经济增长之间的关系进行探讨。

2.3.2　环境库兹涅茨曲线理论

20 世纪 50 年代诺贝尔经济学奖获得者西蒙·库兹涅茨（Simon Kuznets）提出了著名的库兹涅茨曲线理论（马继等，2021）。1992 年美国学者格鲁斯曼（Grossman）和克鲁格（Kureger）对库兹涅茨曲线理论进行了延伸和扩展，并将其应用于环境经济学的研究，最终这种理论扩展为环境库兹涅茨曲线理论，简称 EKC 曲线理论（孙建，2018）。该理论中，经济增长与环境变化之间存在着一种规律：经济发展对当地环境能够产生巨大的效应，工业化的道路上各国的经济发展均对环境产生了消极影响，但是当国民收入达到一定水平之后环境状况会随着国民收入的提高而得到改善，也可以看作生态环境由坏到好的改善就是经济低碳发展的过程。

二氧化碳等温室气体排放作为环境污染的重要分类，按照环境库兹涅茨曲线理论，二氧化碳排放量与经济发展会呈现出明显的非线性关系（孙建，2018）。一般来说，经济发展主要通过规模效应、技术效应和结构效应等三种机制对碳排放产生影响：①在经济发展的初始阶段，技术水平较为低下，经济发展主要依靠生产要素的递增来带动，同时还排放出大量的二氧化碳，此时经济的规模效应起到主要作用。②当经济发展到较为高级的阶段后，此时技术效应和结构效应发挥了主导作用。技术效应表现在高效率的生产技术和先进的环保技术逐渐得以普遍应用，不仅提高了能源使用效率，而且降低了生产要素的投入，逐步减少了生产要素对环境的负面影响；结构效应主要表现在高耗能产业的比重逐渐降低，低排放的服务业和知识密集型产业逐步占据整个产业的主导地位，这同样有利于降低单位产出碳排放强度，从而对整个区域的碳减排起到积极的带动作用。

随着环境库兹涅茨曲线理论的不断完善，人们对于区域碳排放和收入之间关系的认识逐渐深化，也逐渐注重环境质量的改善（单译纬，2020）。伴随着新疆与兵团经济的不断发展，社会整体的技术水平不断提高，既促使经济结构和产业结构向低污染转变，也逐步地提高了环保能力，从而对降低区域碳排放产生积极的带动作用。因此兵团节能减排的重点是需要利用技术进步、改善管理等措施，在促进当地经济发展的同时减轻对生态环境的严峻压力，坚守生态环境和生存环境的"红线"。

2.3.3 低碳经济发展理论

随着全球变暖的逐渐加剧，减少以二氧化碳为主的温室气体的排放成为全球关注的重要环境问题。但是经济发展是全球大多数国家关注的重要主题，如何在保持经济有效增长的前提下，最大限度地减少二氧化碳的排放成为各国重点探索的经济发展道路。2003 年英国政府发布的《我们的能源未来：创建低碳经济》能源白皮书中率先提出"低碳经济"一词，使低碳经济理念备受国际社会的关注（孙建，2018）。所谓低碳经济，是指以可持续发展理念为导向，通过大力开展低碳技术革新、环保制度建设、清洁能源开发利用和产业结构优化升级等多种途径，大幅度减少传统化石燃料等高碳能源的使用，尽可能最大限度地减少二氧化碳等温室气体的排放，最终实现生态环境和经济协调发展"双赢"的局面（张云波，2021）。简而言之，发展低碳经济实质上是实现经济发展模式由传统的"高能耗、高排放"向"低能耗、低排放"转型。

发展低碳经济不只是经济发展模式的改变，还包括诸如生活方式、价值观念和国家权益等多个方面的全球性革命（董静等，2018）。综合来看，与传统经济发展模式相比，低碳经济模式在发展方向、发展目标、发展方式和发展方法 4 个方面实现了重要转变。一般来说，发展低碳经济的主要驱动因素包括以下 3 点：①低碳技术是发展低碳经济的驱动因素。一个国家的低碳技术水平代表了该国发展低碳经济的最坚实后盾，能源利用技术、节能减排技术、高碳产业的改造技术等低碳技术成为衡量国家低碳经济发展水平的重要标志。②低碳能源是发展低碳经济的内在因素。低碳能源最显著的特征是低能耗、低污染、低碳排放，其类型主要包括水能、风能、核能、生物能和清洁煤等绿色能源。同时，低碳能源的使用还强调一个渐进过程，即逐步降低传统高碳能源的消费比重，同时逐步提高低碳能源的消费比重。③低碳机制建设是发展低碳产业的制度保障（董静等，2018）。低碳机制建设涵盖低碳市场建设、低碳政策制定以及低碳理念宣传等多个层面。总之，发展低碳经济的最终目标是通过多种手段大幅度降低二氧化碳排放，同时实现经济的最大化增长。发展低碳经济为提高区域碳排放效率提供了重要的理论借鉴。

2.3.4　循环经济理论

与传统经济发展模式相比，循环经济发展模式对资源的使用效率更高，并能实现废弃物的二次使用，形成资源生产产品、产品再生资源的循环利用模式，其特点是低消耗、低排放、高利用率，跟传统粗放式经济发展模式造成环境污染的方式完全不同。其目的在于尽量减少经济活动对环境的负面影响，实现经济与环境的和谐发展（孙建，2018）。美国经济学家肯尼思·鲍尔丁（Kenneth Boulding）最早提出了循环经济的思想：以资源的高效利用和循环利用为核心，以"减量化、再利用、再循环"（Reduce、Reuse、Recycle，简称"3R"）为原则，实现经济系统和自然生态系统的物质和谐循环的一种新型闭环式经济模式（李斌等，2017）。

循环经济与低碳经济之间具有紧密联系，两者都是为了实现经济增长与生态改善的良性发展（梁刚，2021）。两者之间的不同在于：循环经济是在提高资源利用效率的基础上实现经济与环境的友好发展，而低碳经济的初衷在于解决碳排放增多引起的全球气候问题；前者是为了实现资源的循环利用，后者是为了减少碳排放。从现有实践来看，循环经济的理念和做法与低碳经济的理念和做法有很多相通之处，两者相互促进、互有助益。

2.3.5　外部性理论与污染权交易理论

外部性理论最早由马歇尔（Marshall）提出，他在撰写的《经济学原理》中使用了"外部性经济"一词（杨长进等，2021）。福利经济学的创始者庇古（Pigou）基于马歇尔提出的"外部经济"丰富和发展为外部性理论。庇古率先提出了边际个人成本、边际社会成本等概念，形成了最初分析外部性的理论框架（张忠华等，2016）。一般而言，个人经济活动会对他人造成一定影响，如果他人因此遭受损失即产生了外部成本，如果他人因此取得意外收益即产生了外部收益。前者就产生了负外部性（即外部不经济），环境污染就是最典型的外部不经济；后者则产生了正外部性（即外部经济），如政府免费的基本公共服务（陈鹏，2017）。以二氧化碳排放为例，企业在生产过程中产生了大量二氧化碳，如果企业不经过任何技术处理将二氧化碳直接排放到自然环境中，就会改变人类赖以生存的大气生态环境；当二氧化碳排放量达到一定规模后会导致严重的温室效应，给全球环境带来恶劣影响。如果企业采取措施把二氧化碳的排放量置于可控区间，势必会增加企业的生产成本。企业的最终目的是追求利润最大化，因此在一般情况下都会选择将二氧化碳直接排入自然环境，进而产生了边际外部成本，即社会要为企业的污染行为买单，这就是污染的外部效应。要缓解环境污染问题，可行途径在于实现环境的外部效应内部化，目前有两种方法：庇古手段和科斯手段（陈鹏，2017）。这对本书如何实现经济的低碳化发展提供了良好的发展思路及理论基础。

污染权交易理论是戴尔斯（Dales）在科斯定理的启发下提出的，该理论为解决环境污染问题作出了重要贡献。蒙哥马利（Montgomery）在前人基础上建立了交易许可权理论，并论证了市场化手段治理环境污染的有效性。目前，大多数学者认为，市场能够有效率地对碳排放权资源进行配置是建立合理完善的碳排放权交易制度的前提（陈鹏，2017）。在碳排放权交易相关理论研究不断深入的同时，碳排放权交易的实践也在蓬勃发展；随着借助市场经济手段减轻污染、应对气候变化问题意识的提升，人们开始积极探索碳排放权交易理论（陶春华，2015）。在温室效应、全球变暖等现象被明确并得以重视之后，众多国际组织在一系列会议上均达成了基本共识——控制温室气体排放量，而碳排放权交易作为一种较灵活的方法论获得了更广泛的应用（郝海青等，2015）。相较于严格限定排放量或基于碳排放额外征税等传统方法，碳排放交易机制在有效减少二氧化碳排放量的同时，也从经济学的角度赋予市场参与者更灵活的空间，通过多种形式规范市场经济手段，可以效率更高、成本更低地达成减排目标。总体而言，碳交易的产生得益于碳排放权交易的理论和实践经验，以及国际社会对于温室气体减排的大力推进。因此，污染权交易理论为碳排放权的交易问题、低碳发展等后续探讨奠定了理论基础与研究思路。

第3章 兵团高排放产业的能耗现状及减排困境分析 /////////////////////////////

化石能源消耗导致的碳排放及其引发的气候问题已严重威胁生态环境的可持续发展。受经济下行、预期不稳定、经济不确定性因素增加等影响，世界多国因能源使用所产生的碳排放急剧下降，伴随后疫情时代世界经济的复苏，全球能源消费碳排放将达到近年来的峰值。中国是全球最大的温室气体排放国，2018 年中国二氧化碳排放量达 96.6 亿吨，其排放规模约占世界总排放量的 26.5％。"十三五"时期以来，工业部门所显现的高能耗、高排放特征令人担忧：根据中国碳核算数据库（CEADs）公布的数据，2018 年占 GDP 34％的工业部门消耗了全国 66％的能源，排放了 84％的二氧化碳，表明工业能源的大量投入造成了碳排放的急剧攀升。从前文国内外有关碳排放的相关研究中可知，对于碳排放的研究大多始于能源消耗量的研究；普遍认为碳排放主要来自化石能源的燃烧，即能源消耗量越大，产生的碳排放总量也就越多。

因此，本章基于碳源视角对兵团和各个行业的能源消耗特征进行系统梳理与分析，旨在从源头对新疆及兵团的温室气体污染进行理论铺垫与解释说明。一方面，识别兵团高排放产业并研究其成因，从能耗总量、能耗占比、能耗强度等多层次阐明高排放产业发展现状。另一方面，从行业特性和行业共性两个层面剖析兵团高排放产业的减排困境。

3.1 兵团高排放产业识别

各国之间、各地区之间对高排放产业范围的界定有所不同，主要是通过产业之间的相互比较来界定高排放产业。通常来说，在生产过程中高排放产业会消耗更多的能源，某些高排放产业原材料的来源之一就是化石能源。高排放产业单位排放强度远高于工业排放强度的平均值，具有较大的产业结构调整、节能减排空间，研究其低碳发展对于优化经济结构、减缓环境污染具有重大意义。国内学者普遍以产业能耗占工业能耗比重、碳排放量标准、能耗强度来界定地区的高耗能产业。所涉及的能源折算系数参考《中国能源统计年鉴》的折标准煤系数，其中：原煤系数为 0.714 3 千克标准煤/千克，原油系数为 1.428 6 千克标准煤/千克，液化石油气系数为 1.714 3 千克标准煤/千克。将各项能源消耗量与能源折算系数相乘得到各个产业的能源消耗量并进行比较。下面以兵团 2005—2018 年各产业的能源消耗量来界定高排放产业（表 3-1）。

　　由表 3-1 可知，通过对兵团近年来各产业的能源消耗量进行计算，得到所有产业的能源消耗量并进行比较排序，以 2005—2018 年年均碳排放量排名前十位的"电力、热力生产和供应业，化学原料及化学制品制造业，石油、煤炭及其他燃料加工业，非金属矿物制品业，食品制造业，黑色金属冶炼和压延加工业，农副食品加工业，纺织业，煤炭开采和洗选业，化学纤维制造业"作为兵团的十大高排放产业。经测算表明，2005—2018 年兵团十大高排放产业的能源消耗总量逐步攀升，但增速自 2016 年开始明显放缓；兵团十大高排放产业能耗在兵团工业综合能耗中的比重在 2009 年已有下滑趋势，且 2011—2014 年下滑趋势明显，但 2005—2018 年其占比持续保持在 60% 之上（图 3-1）。故解决好兵团十大高排放产业的碳排放问题，将有力促进兵团工业的低碳发展。

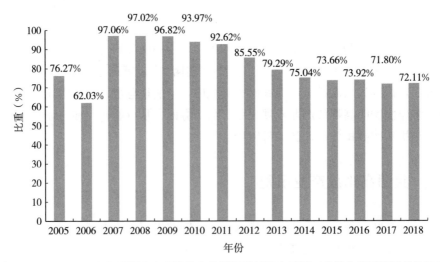

图 3-1　2005—2018 年兵团十大高排放产业能源消耗量占兵团工业综合能源消耗量的比重
（数据来源：根据 2006—2019 年的《兵团统计年鉴》整理计算而得）

表 3 - 1　2005—2018 年兵团能源消耗排名前十位的产业及其能源消耗量

单位：吨标准煤

产业	2005 年	2006 年	2007 年	2008 年	2009 年	2010 年	2011 年	2012 年	2013 年	2014 年	2015 年	2016 年	2017 年	2018 年	年均能耗	能源消耗量排名
电力、热力生产和供应业	1 024 947	770 191	1 391 192	1 271 241	1 824 458	2 246 465	2 848 452	4 021 474	5 336 924	5 850 584	7 200 799	8 918 856	8 800 030	9 119 599	4 330 372	1
化学原料及化学制品制造业	4 198	29 393	632 425	1 562 176	2 588 663	2 754 820	4 378 235	5 205 282	5 665 477	6 227 764	8 341 712	7 774 853	7 483 898	7 274 492	4 280 242	2
石油、煤炭及其他燃料加工业	83 699	58 978	73 356	135 464	151 240	267 000	526 609	728 301	1 553 589	2 656 422	2 286 620	2 607 395	3 371 374	3 371 391	1 276 531	3
非金属矿物制品业	567 263	657 858	709 204	823 119	990 682	1 212 731	1 315 934	1 627 511	1 898 316	1 602 840	1 139 146	1 337 972	1 397 727	1 585 121	1 204 673	4
食品制造业	81 710	106 192	239 068	252 992	278 726	307 093	362 173	284 448	827 626	1 017 277	1 156 961	1 254 635	1 354 346	1 355 280	634 180	5
黑色金属冶炼和压延加工业	14 213	45 339	60 254	53 148	79 264	93 593	135 042	147 796	330 854	867 059	396 646	461 192	858 046	869 345	315 128	6
农副食品加工业	183 933	210 545	266 870	239 139	226 022	267 080	265 021	303 129	302 073	342 400	373 791	410 611	383 738	359 975	295 309	7
纺织业	100 167	102 929	117 664	125 023	161 445	222 253	161 509	218 930	184 126	163 546	182 637	189 333	187 981	176 808	163 882	8
煤炭开采和洗选业	29 100	55 728	65 282	62 393	62 570	37 140	79 928	149 873	189 780	231 325	191 286	191 004	127 501	128 086	114 357	9
化学纤维制造业	13 229	9 127	6 576	17 118	81 887	89 430	134 902	8 499	46 171	33 044	31 976	143 527	149 993	142 215	64 835	10

数据来源：根据 2006—2019 年的《兵团统计年鉴》整理计算而得。

表 3 - 2　2005—2018 年兵团高排放产业的能耗总量

单位：吨标准煤

年份	行业 1	行业 2	行业 3	行业 4	行业 5	行业 6	行业 7	行业 8	行业 9	行业 10
2005 年	1 024 947.43	4 198.28	83 698.80	567 262.97	81 710.05	14 213.38	183 932.61	100 167.42	29 100.44	13 229.17
2006 年	770 191.00	29 393.00	58 978.00	657 858.00	106 192.00	45 339.00	210 545.00	102 929.00	55 728.00	9 127.00
2007 年	1 391 192.00	632 425.00	73 356.00	709 204.00	239 068.00	60 254.00	266 870.00	117 664.00	65 282.00	6 576.00
2008 年	1 271 240.89	1 562 175.54	135 463.96	823 119.23	252 991.86	53 147.86	239 138.55	125 023.07	62 393.46	17 118.19
2009 年	1 824 458.00	2 588 663.00	151 240.00	990 682.00	278 726.00	79 264.00	226 022.00	161 445.00	62 570.00	81 887.00
2010 年	2 246 465.00	2 754 820.00	267 000.00	1 212 731.00	307 093.00	93 593.00	267 080.00	222 253.00	37 140.00	89 430.00
2011 年	2 848 452.00	4 378 235.00	526 609.00	1 315 934.00	362 173.00	135 042.00	265 021.00	161 509.00	79 928.00	134 902.00
2012 年	4 021 474.00	5 205 282.00	728 301.00	1 627 511.00	284 448.00	147 796.00	303 129.00	218 930.00	149 873.00	8 499.00
2013 年	5 336 923.77	5 665 476.78	1 553 589.03	1 898 316.46	827 625.52	330 853.80	302 072.56	184 123.58	189 780.47	46 170.79
2014 年	5 850 584.00	6 227 764.00	2 656 422.00	1 602 840.00	1 017 277.00	867 059.00	342 400.00	163 546.00	231 325.00	33 044.00
2015 年	7 200 799.00	8 341 712.00	2 286 620.00	1 139 146.00	1 156 961.00	396 646.00	373 791.00	182 637.00	191 286.00	31 976.00
2016 年	8 918 856.00	7 774 853.00	2 607 395.00	1 337 972.00	1 254 635.00	461 192.00	410 611.00	189 333.00	191 004.00	143 527.00
2017 年	8 800 030.00	7 483 898.00	3 371 374.00	1 397 727.00	1 354 346.00	858 046.00	383 738.00	187 981.00	127 501.00	149 993.00
2018 年	9 119 599.00	7 274 492.00	3 371 391.00	1 585 121.00	1 355 280.00	869 345.00	359 975.00	176 808.00	128 086.00	142 215.00

数据来源：根据 2006—2019 年的《兵团统计年鉴》整理而得。

注：行业 1 为电力、热力生产和供应业，行业 2 为化学原料及化学制品制造业，行业 3 为石油、煤炭及其他燃料加工业，行业 4 为非金属矿物制品业，行业 5 为食品制造业，行业 6 为黑色金属冶炼及压延加工业，行业 7 为农副食品加工业，行业 8 为纺织业，行业 9 为煤炭开采和洗选业，行业 10 为化学纤维制造业。

由此，本书界定的兵团十大高排放产业是指：电力、热力生产和供应业，化学原料及化学制品制造业，石油、煤炭及其他燃料加工业，非金属矿物制品业，食品制造业，黑色金属冶炼和压延加工业，农副食品加工业，纺织业，煤炭开采和洗选业，化学纤维制造业。

3.2　兵团高排放产业的能耗现状

3.2.1　兵团高排放产业的能耗总量

从表 3 - 2 兵团高排放产业能耗总量的统计结果来看，兵团高排放产业能耗总量呈现逐年递增的趋势。随着西部大开发战略的实施，兵团经济随着工业化的扩张在逐步提升，但是由于兵团产业结构以高能耗的重工业企业为主，存在兵团技术水平落后、工业化效率低下以及人才和资金储备不足等问题，能源消耗过高的困境持续存在。如表 3 - 3 所示，进一步将兵团十大高排放产业能耗总量与兵团工业综合能耗进行比较发现，兵团工业综合能耗由 2005 年的 2 756 537.17 吨标准煤上升到 2018 年的 33 814 682.00 吨标准煤，十大高排放产业能耗总量由 2005 年的 2 102 460.55 吨标准煤上升到 2018 年的 24 382 312.00 吨标准煤，2005—2018 年兵团十大高排放产业能耗的总量占兵团工业综合能耗的比重均超过 60%，说明兵团十大高排放产业能耗是兵团工业综合能耗的主要组成部分，验证了解决好兵团十大高排放产业的碳排放问题能够有力促进兵团碳减排工作和低碳经济发展。

表 3 - 3　2005—2018 年兵团高排放产业及兵团工业能耗情况

年份	十大高排放产业 （吨标准煤）	兵团工业 （吨标准煤）	十大高排放产业占兵团 工业比重（%）
2005 年	2 102 460.55	2 756 537.17	76.27
2006 年	2 046 280.00	3 298 882.00	62.03
2007 年	3 561 891.00	3 669 660.00	97.06
2008 年	4 541 812.61	4 681 368.63	97.02
2009 年	6 444 957.00	6 656 370.00	96.82
2010 年	7 497 605.00	7 978 849.00	93.97
2011 年	10 207 805.00	11 021 177.00	92.62
2012 年	12 695 243.00	14 840 338.00	85.55

（续）

年份	十大高排放产业 （吨标准煤）	兵团工业 （吨标准煤）	十大高排放产业占兵团 工业比重（％）
2013 年	16 334 932.76	20 602 027.60	79.29
2014 年	18 992 261.00	25 307 984.00	75.04
2015 年	21 301 574.00	28 918 695.00	73.66
2016 年	23 289 378.00	31 504 922.00	73.92
2017 年	24 114 634.00	33 587 019.00	71.80
2018 年	24 382 312.00	33 814 682.00	72.11

数据来源：根据 2006—2019 年的《兵团统计年鉴》整理计算而得。

注：兵团工业指兵团工业综合能源消耗量，十大高排放产业指十大高排放产业能源消耗总量。

3.2.2 兵团高排放产业的能耗占比

我国的煤炭能源存量丰富，相比于石油、电力能源，煤炭能源效率更低、排放更高、污染更大，低效率用能过多也是我国碳排放急剧增加的原因之一。能源消耗的结构特征主要是用来分析在兵团经济社会发展中，对煤、石油、天然气等基础能源的消费情况。表 3 - 4 显示了 2005—2018 年兵团高排放产业的能耗占比情况，对其进行具体分析，发现兵团经济的发展离不开能源消耗，且不同的能源资源具有显著的差异性消费特征。对于兵团高排放产业各能源的消耗而言：①原煤的消耗量有所下降，但仍是消耗量最高的能源，是兵团高排放产业的主要用能。原煤能源消耗占比超过了 80％，所占的比重一直居高不下，变动幅度稳定在 10％ 的增减范围。主要原因在于原煤作为工业企业的主要用能，占据了兵团能源消耗的重要位置，且原煤需求量随着工业企业的扩张不断上涨，随着市场波动而不断变动。②天然气、液化石油气等能源消耗占比相对稳定，增减幅度相对较小，变动相对稳定。表明天然气、液化石油气作为非必需能源，在兵团的应用领域相对狭小，消耗量相对较低。③电力能源消耗占比逐年上升。随着环保政策及低碳能源的开发，清洁能源成为兵团改善环境、实现绿色经济发展的主要考虑对象，因而水电、风电等碳排放量相对较小的清洁能源得到重视，其在能源消耗总量中的占比也呈逐年递增的发展趋势。

表 3 - 4　2005—2018 年兵团高排放产业的能耗占比（％）

年份	原煤	天然气	液化石油气	电力
2005 年	92.177 1	0.010 0	0.001 3	7.811 6
2006 年	91.642 7	0.031 0	0.001 0	8.325 3
2007 年	85.934 8	0.552 0	0.001 5	13.511 7
2008 年	84.108 2	0.689 5	0.003 5	15.198 8
2009 年	83.551 3	0.556 3	0.001 8	15.890 6
2010 年	84.156 2	0.636 3	0.002 4	15.205 1
2011 年	84.339 1	0.725 1	0.003 2	14.932 6
2012 年	86.379 8	0.543 2	0.008 7	13.068 3
2013 年	87.924 3	1.195 8	0.012 3	10.867 6
2014 年	88.016 5	1.051 5	0.008 4	10.923 6
2015 年	88.178 8	0.792 7	0.003 3	11.025 2
2016 年	89.528 0	0.730 5	0.001 5	9.740 0
2017 年	89.533 3	0.821 8	0.001 2	9.643 7
2018 年	88.889 5	0.956 9	0.001 6	10.152 1

数据来源：根据 2006—2019 年的《兵团统计年鉴》整理计算而得。

3.2.3　兵团高排放产业的能耗强度

能耗强度是指经济总量每增加一单位所需要的能源消耗总量，即单位 GDP 的能源消耗量。能耗强度特征能够从侧面反映出地区内能源的利用效率，即能耗强度的数值越高，单位 GDP 的能源消耗量越高，能源利用效率越低，环境污染愈加严重。表 3-5 展现了 2005—2018 年兵团十大高排放产业的能耗强度情况。

由表 3-5 可知，兵团能耗强度总体呈现倒 U 形发展趋势，2005 年兵团工业能耗强度为 0.832 5 吨标准煤/万元，2018 年兵团工业能耗强度增长为 1.341 8 吨标准煤/万元，兵团十大高排放产业的能耗强度从 2005 年的 0.634 9 吨标准煤/万元增长到 2018 年的 0.967 5 吨标准煤/万元。说明兵团能源利用效率较低，这是造成兵团碳排放量较高的重要因素之一。从各个产业的能耗强度来看，均出现了不同程度的起伏。14 年间，兵团十大高排放产业的能耗增幅为 0.332 6 吨标准煤/万元，相当于兵团工业能耗增幅的 65.31％；兵团十大高排放产业的能耗增速为 52.39％，比兵团工业能耗增速 61.18％低 8.79 个百

表 3 - 5 2005—2018 年兵团十大高排放产业的能耗强度

单位：吨标准煤/万元

年份	兵团工业	十大高排放产业	电力、热力生产和供应业	化学原料及化学制品制造业	石油、煤炭及其他燃料加工业	非金属矿物制品业	食品制造业	黑色金属冶炼和压延加工业	农副食品加工业	纺织业	煤炭开采和洗选业	化学纤维制造业
2005 年	0.832 5	0.634 9	0.309 5	0.001 3	0.025 3	0.171 3	0.024 7	0.004 3	0.055 5	0.030 3	0.008 8	0.004 0
2006 年	0.877 3	0.544 2	0.204 8	0.007 8	0.015 7	0.174 9	0.028 2	0.012 1	0.056 0	0.027 4	0.014 8	0.002 4
2007 年	0.831 7	0.807 3	0.315 3	0.143 3	0.016 6	0.160 7	0.054 2	0.013 7	0.060 5	0.026 7	0.014 8	0.001 5
2008 年	0.894 6	0.867 9	0.242 9	0.298 5	0.025 9	0.157 3	0.048 3	0.010 2	0.045 7	0.023 9	0.011 9	0.003 3
2009 年	1.088 5	1.053 9	0.298 3	0.423 3	0.024 7	0.162 0	0.045 6	0.013 0	0.037 0	0.026 4	0.010 2	0.013 4
2010 年	1.033 3	0.971 0	0.290 9	0.356 8	0.034 6	0.157 1	0.039 8	0.012 1	0.034 6	0.028 8	0.004 8	0.011 6
2011 年	1.137 8	1.053 9	0.294 1	0.452 0	0.054 4	0.135 9	0.037 4	0.013 9	0.027 4	0.016 7	0.008 3	0.013 9
2012 年	1.240 9	1.061 5	0.336 3	0.435 2	0.060 9	0.136 1	0.023 8	0.012 4	0.025 3	0.018 3	0.012 5	0.000 7
2013 年	1.377 8	1.092 4	0.356 9	0.378 9	0.103 9	0.127 0	0.055 3	0.022 1	0.020 2	0.012 3	0.012 7	0.003 1
2014 年	1.462 6	1.097 6	0.338 1	0.359 9	0.153 5	0.092 6	0.058 8	0.050 1	0.019 8	0.009 5	0.013 4	0.001 9
2015 年	1.501 9	1.106 3	0.374 0	0.433 2	0.118 8	0.059 2	0.060 1	0.020 6	0.019 4	0.009 5	0.009 9	0.001 7
2016 年	1.484 1	1.097 1	0.420 1	0.366 2	0.122 8	0.063 0	0.059 1	0.021 7	0.019 3	0.008 9	0.009 0	0.006 8
2017 年	1.438 9	1.033 1	0.377 0	0.320 6	0.144 4	0.059 9	0.058 0	0.036 8	0.016 4	0.008 1	0.005 5	0.006 4
2018 年	1.341 8	0.967 5	0.361 9	0.288 7	0.133 8	0.062 9	0.053 8	0.034 5	0.014 3	0.007 0	0.005 1	0.005 6

数据来源：根据 2006—2019 年的《兵团统计年鉴》整理计算而得。

分点。因而，兵团应积极开发各行业的低碳化技术，提升能源利用效率，并降低各个行业的能耗强度，控制地区的环境污染。

3.3　兵团高排放产业面临的减排困境

新疆及兵团作为西部重要的能源基地和生态保障区，长期以来对边疆稳定、维护生态环境都做出了重大贡献。近年来，在党中央、国务院的亲切关怀和新疆维吾尔自治区党委的统一领导下，兵团经济社会发展取得了显著成效。然而产业能源结构失衡、行业能耗强度过高、经济粗放式发展等难题也日益突出，在很大程度上制约着兵团低碳经济的发展；加之自西部大开发战略实施以来，兵团承接了中亚国家大量的贸易产业往来与我国东中部地区工业产业转移，在工业产业发展的同时生态环境的污染愈发严重，导致经济增长过程中带给资源、环境的压力越来越大，引致经济与环境的发展更加失衡。基于上述有关兵团高排放产业的能源消耗特征，本节对兵团高排放产业低碳发展的困境及障碍进行系统梳理剖析，以期为兵团高排放产业的低碳发展路径奠定有益的理论基石。

3.3.1　行业特性下的兵团高排放产业减排困境

3.3.1.1　资源型产业过度集聚且快速扩张

兵团资源型产业占比巨大（主要包括煤炭开采和洗选业，黑色金属矿采选业，有色金属矿采选业，非金属矿采选业，石油、煤炭及其他燃料加工业，非金属矿物制品业，黑色金属冶炼和压延加工业，有色金属冶炼及压延加工业8个行业）[①]，其中，有4个资源型产业为十大高排放产业，即"煤炭开采和洗选业，石油、煤炭及其他燃料加工业，非金属矿物制品业，黑色金属冶炼和压延加工业"。

兵团高排放产业中的资源型产业规模较大，且产值占比持续上升，而资源密集型产业往往伴随高污染、高能耗、高排放的特征，这为兵团低碳转型发展带来了挑战和压力。从近年高排放资源型产业的整体情况来看，2016年兵团规模以上工业总产值为1 882.38亿元，高排放产业产值为1 242.26亿元，高

---

① 资源型产业分类参考：张凤丽.资源环境约束下新疆产业转型路径研究［D］.石河子：石河子大学，2016.

排放产业中的资源型产业产值为 259.30 亿元、产值占比 20.87%。2018 年兵团规模以上工业总产值为 1 973.15 亿元，高排放产业产值为 1 318.92 亿元，高排放产业中的资源型产业产值为 345.86 亿元、占比 26.22%。

从各高排放资源型产业的具体情况来看，如表 3-6 所示，2018 年"煤炭开采和洗选业，石油、煤炭及其他燃料加工业，非金属矿物制品业，黑色金属冶炼和压延加工业"产值分别为 20.03 亿元、91.47 亿元、179.04 亿元、55.32 亿元，占兵团高排放产业产值的比重分别是 1.52%、6.94%、13.57%、4.19%，各行业工业产值较 2017 年分别增长了 0.12 倍、0.55 倍、0.07 倍、0.36 倍。这反映了兵团自 2004 年后大力实施优势资源转换战略，依托新疆丰富的矿产资源，大力发展煤化工、煤电一体化、煤电铝一体化和新型建材等产业，矿产资源开发转换进展顺利，有色金属冶炼产业快速成长，但在重工业能耗高速增长的同时也带来了一定程度上的产业结构升级困难与环境污染问题。

表 3-6　2018 年兵团规模以上工业企业分行业产值与产值占比

产业类别	产值（万元）	产值占比（%）
采矿业	**266 444.4**	**1.36**
煤炭开采和洗选业	200 315.4	1.02
黑色金属矿采选业	3 290.7	0.02
有色金属矿采选业	13 609.0	0.07
非金属矿采选业	49 229.3	0.25
制造业	**16 813 244.9**	**85.21**
农副食品加工业	2 273 233.5	11.52
食品制造业	1 152 194.8	5.84
酒、饮料和精制茶制造业	539 916.8	2.74
纺织业	1 600 484.2	8.11
纺织服装、服饰业	46 867.9	0.24
皮革、毛皮、羽毛及其制品和制鞋业	4 385.2	0.02
木材加工和木、竹、藤、棕、草制品业	38 277.0	0.19
家具制造业	15 662.6	0.08

（续）

产业类别	产值（万元）	产值占比（％）
造纸及纸制品业	54 278.7	0.28
印刷业和记录媒介复制业	11 802.3	0.06
文教、工美、体育和娱乐用品制造业	7 899.5	0.04
石油、煤炭及其他燃料加工业	914 694.9	4.64
化学原料及化学制品制造业	1 994 753.5	10.11
医药制造业	180 692.2	0.92
化学纤维制造业	252 758.3	1.28
橡胶和塑料制品业	386 163.1	1.96
非金属矿物制品业	1 790 448.9	9.07
黑色金属冶炼及压延加工业	553 169.0	2.80
有色金属冶炼及压延加工业	4 324 982.2	21.92
金属制品业	167 927.0	0.85
通用设备制造业	22 183.5	0.11
专用设备制造业	86 439.8	0.44
汽车制造业	4 002.4	0.02
电气机械和器材制造业	98 000.4	0.50
计算机、通信和其他电子设备制造业	275 101.5	1.39
仪器仪表制造业	2 224.8	0.01
废弃资源综合利用业	14 700.9	0.07
电力、热力、燃气及水生产和供应业	**2 651 839.4**	**13.43**
电力、热力生产和供应业	2 457 173.8	12.45
燃气生产和供应业	152 666.8	0.77
水的生产和供应业	41 998.8	0.21
总计	**19 731 528.7**	**100.00**

数据来源：2019 年《兵团统计年鉴》。

3.3.1.2　化工类与电热类产业能耗较大且对煤炭依赖严重

在兵团高排放产业中，化工类和电热类产业的能源消耗量巨大，且主要依赖于煤炭。其中，化学原料及化学制品制造业的上游主要是原油、天然气、煤炭、原盐等大宗商品，主要作为生产下游衍生化工产品的中间投入，故而对能源依赖程度较高。电力、热力生产和供应业主要服务于城市生产建设，为城市提供电力和热能等。从表3-7可知，化学原料及化学制品制造业、化学纤维制造业占兵团高排放产业能耗总量的比重较大，与市政建设密切相关的电力、热力生产和供应业的能源消耗量也不容小觑，并且这两类产业的能源消耗主要依赖于煤炭，其中：化学原料及化学制品制造业、化学纤维制造业2018年煤炭消耗量为741.67吨标准煤，占高排放产业煤炭消耗量的30.40%；电力、热力生产和供应业2018年煤炭消耗量为913.28吨标准煤，占高排放产业煤炭消耗量的37.44%。从现实状况来看，兵团以六师铝业和天山铝业电解铝及加工产品为标志的有色金属冶炼产业近年来快速成长，实现了从无到有的突破；以天业集团等企业为代表的聚氯乙烯、1，4-丁二醇和乙二醇产品等化工产品生产企业发展势头强劲，以锦疆化工为代表的尿素生产企业成为兵团化肥生产的重要支柱企业。

表3-7 2018年兵团、新疆、陕西与河南的煤炭消耗量及其占比

兵团十大高排放产业类别	兵团		新疆		陕西		河南	
	煤炭消耗（吨标准煤）	消耗占比（%）	煤炭消耗（吨标准煤）	消耗占比（%）	煤炭消耗（吨标准煤）	消耗占比（%）	煤炭消耗（吨标准煤）	消耗占比（%）
煤炭开采和洗选业	12.81	0.53	257.55	1.63	11 866.15	42.81	603.09	8.23
农副食品加工业	36.00	1.48	112.92	0.72	37.32	0.13	226.75	3.09
食品制造业	135.53	5.56	176.86	1.12	22.16	0.08	111.46	1.52
纺织业	17.68	0.72	16.01	0.10	1.73	0.01	76.08	1.04
石油、煤炭及其他燃料加工业	337.14	13.82	2 971.92	18.82	6 136.25	22.14	15.00	0.20
化学原料及化学制品制造业	727.45	29.82	3 163.70	20.03	2 850.65	10.28	23.00	0.31
化学纤维制造业	14.22	0.58	134.42	0.85	40.00	0.14	32.25	0.44
非金属矿物制品业	158.51	6.50	625.08	3.96	662.62	2.39	1 242.50	16.96
黑色金属冶炼和压延加工业	86.93	3.56	502.44	3.18	142.19	0.51	1 987.63	27.13
电力、热力生产和供应业	913.28	37.44	7 831.43	49.59	5 958.44	21.50	3 009.22	41.07
总计	2 439.56	100.00	15 792.33	100.00	27 717.51	100.00	7 326.98	100.00
化工类能耗占比总计		30.40		20.88		10.43		0.75
电热类能耗占比总计		37.44		49.59		21.50		41.07

鉴于兵团地处西部，且兵团的产业结构、能源消费结构与新疆整体较为类似，故挑选同为西部能源大省的陕西，以及中部以农业、工业为主的河南为煤炭能源消耗量的对比对象。不难发现，兵团化工类产业的煤炭能源消耗总量（741.67 吨标准煤）大于农业大省河南化工类产业的煤炭能源消耗量（55.25 吨标准煤），兵团化工类产业的煤炭能源消耗占比（30.40％）大于新疆总体水平（20.88％）和能源大省陕西（10.43％）。兵团电力、热力生产和供应业，即服务于城市建设的产业煤炭消耗量巨大，占高排放产业能源消耗总量的 37.44％，小于河南（41.07％）和新疆总体水平（49.59％），但大于陕西（21.50％）。可见，与其他省份相比，兵团的化工类产业的能源消耗总量处于高位，电热类产业的能源消耗占比也处于高位。部分原因可能是：一方面，兵团产业结构不合理，工业企业主要以初级、次级原材料加工为主，化工类产业对兵团经济增长具有一定贡献，而化工类产业的上游却是能源大宗商品；另一方面，电力、热力生产和供应业包含火力发电、水力发电、核力发电、风力发电、太阳能发电、生物质能发电等，而兵团发电供热主要依赖于燃煤，加之供暖时间比其他疆外省份长、资源型企业聚集，导致能源消耗总量增长态势难以得到有效抑制，碳排放量控制难度也较大。

3.3.2　行业共性下的兵团高排放产业减排困境

3.3.2.1　能耗强度大且能源利用效率低

（1）当前兵团产业发展中普遍存在资源禀赋与能源结构高碳特征并存困境。兵团具有的能源资源优势、农业产业优势吸引了大量的高能耗、高污染产业的转移，并优先选择存储量较多、开发相对较为便利的煤炭资源作为主要动力能源，对兵团环境造成了巨大的发展压力。在一次能源中煤的含碳量最高，其次是石油，天然气是三种化石能源中含碳量最低的，最后是水能、风能、核能等无碳能源。然而在兵团的经济发展所消耗的能源中，含碳量越高的能源消耗反而越多，其中主要以煤的消耗为主。从图 3-2 可知，兵团各能源消耗均值占比中，原煤占比为 87.454 3％，消耗量最高，天然气、液化石油气、电力等能源消耗占比总和为 12.545 7％。可以看出兵团能源消耗高度依赖于煤炭等高排放能源，能源消耗结构的高碳化必然导致二氧化碳排放量的不断增加，从而使得兵团的生态环境面临巨大压力，制约兵团低碳经济的发展，进一步加剧了兵团高排放产业的低碳发展困境。

（2）兵团能耗强度的数值较高，表明兵团工业能源利用效率较低是造成兵

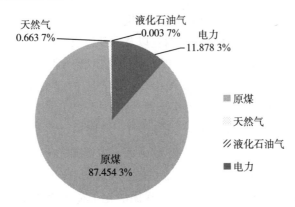

图 3-2　2005—2018 年兵团各能源消耗均值占比

（数据来源：根据 2006—2019 年的《兵团统计年鉴》整理计算而得）

团碳排放量偏高的重要原因之一。如图 3-3 所示，兵团工业的能耗强度呈现先持续上升后下降的趋势，在 2009 年能耗强度首次超过 1.00 吨标准煤/万元；2005 年兵团工业能耗强度为 0.83 吨标准煤/万元，2018 年兵团工业能耗强度为 1.34 吨标准煤/万元，年增长率为 3.64％。能耗强度的数值较高，说明兵团能源的低效利用往往造成能源资源的浪费。兵团经济粗放式增长和能源的低效利用大量消耗了兵团的能源资源储备，在促进兵团经济发展的同时加剧了资源存储和环境污染压力。

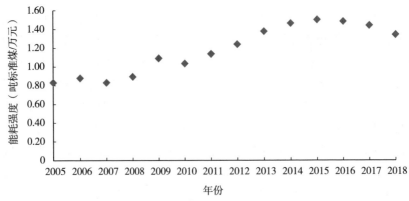

图 3-3　2005—2018 年兵团工业的能耗强度

（数据来源：根据 2006—2019 年的《兵团统计年鉴》整理计算而得）

观察表 3-3 可知，2012—2013 年兵团工业能源消耗出现井喷式增长，由约 1 484 万吨标准煤增至约 2 060 万吨标准煤，增速接近 39％。这和 2012 年后《西部大开发"十二五"规划》获批，国家大力推动西部地区基础设施建设密切相关。为进一步比较这一期间兵团和其他地区的能耗强度情况，整理了2012—2018 年各地区平均能耗强度和能耗强度年均增速（图 3 - 4）。一方面，从绝对量来看，兵团平均能耗强度在 31 个地区中处于第六位，能耗强度相对较高；另一方面，从相对量来看，兵团能耗强度年均增速在 31 个地区中位居第一。虽然兵团能耗强度自 2016 年开始已出现下降趋势，但降幅有限，导致整个统计区间的能耗强度年均增速仍保持正值。

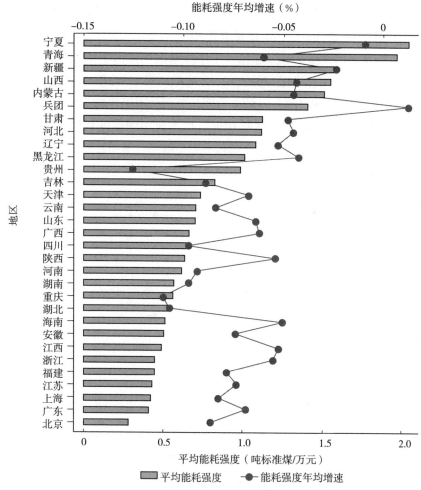

图 3 - 4　2012—2018 年各地区平均能耗强度及能耗强度年均增速

（数据来源：根据 2013—2019 年各地区统计年鉴整理计算而得）

综上，无论是从绝对值还是从相对值来看，与其他地区相比，兵团能源利用效率仍相对较低。就目前来看，相对粗放的经济增长方式以及能源的低效利用，将会大量消耗兵团的能源资源储备；在提升区域经济发展的同时，也必然加剧兵团的资源存储和生态环境污染压力。因此，对兵团来说，加大节能降耗力度，坚定不移地走绿色发展之路是必然选择。

（3）兵团高排放产业能耗强度在 2010—2018 年整体上有下降趋势，但持续高于全国规模以上工业平均能耗强度。如图 3-5 所示，产业能耗强度以 2016 年为转折点，2016 年前兵团高排放产业与全国差距逐步扩大，2016 年以后开始减小，说明兵团节能降耗取得了一定进展。具体来看，2016 年兵团高排放产业平均能耗强度为 1.10 吨标准煤/万元，2017 年为 1.03 吨标准煤/万元，2018 年为 0.97 吨标准煤/万元，三年与全国规模以上工业平均能耗强度的差距分别为 0.51 吨标准煤/万元、0.47 吨标准煤/万元和 0.41 吨标准煤/万元。这说明兵团能源利用效率较低，可能是源于兵团工业企业的生产经营理念和管理方式缺乏先进性，技术创新和提高技术应用的程度较低，使生产、管理、流通、销售等全过程在资源合理利用上不科学，从而造成一些环节中不必要的能源隐性成本增高，最终导致总能源消耗量上升。

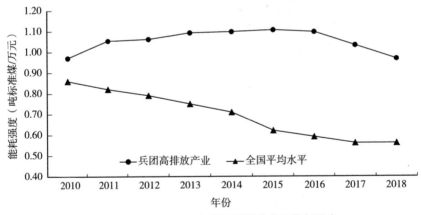

图 3-5　2010—2018 年兵团高排放产业能耗强度

（4）具体到各个高排放产业，兵团十大高排放产业中有 6 个产业能耗强度高于全国平均水平，有 4 个产业能耗强度高于兵团高排放产业平均水平。如图 3-6 所示，2018 年兵团电力、热力生产和供应业，化学原料及化学制品制造业，石油、煤炭及其他燃料加工业，黑色金属冶炼和压延加工业的能耗强度均超过 1.00 吨标准煤/万元。可见，依托本地资源优势发展起来的煤电、化工、有色、炼焦等行业是兵团能源消耗的主体，更是推动兵团工业经济发展的主力。一方面，兵团经济发展与能源需求量成正相关关系，兵团工业的快速发展需要消耗大量能源，兵团工业是高耗能产业，然而能源的供应是有限的，不可能无限制满足粗放、高能耗的经济发展方式的能源需求。另一方面，兵团工业产业的煤炭依赖性由兵团资源禀赋决定，短期内无法根本改变，故而如何在工业发展过程中实现节能降耗、提高能源利用效率，是必须解决的根本问题。

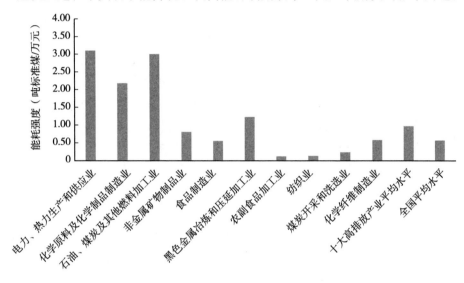

高排放产业

图 3-6 2018 年兵团高排放产业分行业能耗强度

3.3.2.2 减排的内生动力和技术支持不足

（1）兵团工业绿色转型升级面临资金不足困境。资金成为兵团工业绿色转型升级的关键制约因素，企业效益下滑导致高耗能企业节能减排的内生动力不足。从现实状况来看，截至 2016 年，兵团规模以上企业 2 894 家，其中高耗能工业企业 916 家，有 343 家高耗能工业企业为亏损企业。高耗能工业企业亏损数占规模以上企业亏损数的比重为 43.8%。煤炭开采和洗选业，石油、煤炭及其他燃料加工业，黑色金属冶炼和压延加工业，电力、热力生产和供应业都属于典型的高耗能、低产出产业。7 个高耗能产业亏损总额占亏损企业亏损总额的 85.47%。其中，煤炭开采和洗选业，石油、煤炭及其他燃料加工业，黑色金属冶炼和压延加工业全行业利润亏损。另外，企业融资难、成本高问题依然突出，企业无力承担节能环保技术改造带来的成本上升压力（李小平，

2018)。同时，对于基础设施的投入存在资金和技术的"锁定效应"，即一经投入其使用年限均在 15 年甚至 50 年以上，故在使用期间内不可能轻易放弃而存在沉没成本。以住宅建设为例，95％左右的已有建筑都是高耗能建筑，如果未来情况没有改善的话，一旦修建大量高耗能房屋，短期内改造高耗能建筑的难度较大。电力、交通等高耗能部门也很容易发生"锁定效应"。以电力行业为例，能源基础设施的建设对温室气体排放等多方面都有影响，从长期来说，如果只是按照现有的技术建设这些基础设施，必将受到资金和技术的锁定。因此"锁定效应"也限制了工业企业低碳经济的长远发展。

（2）低碳技术存在短板是发展低碳经济的关键制约因素。低碳技术主要包括三种技术：一是通过节能减排技术减少温室气体的排放；二是使用水能、风能、太阳能等无碳能源，从而实现温室气体的零排放；三是使用碳捕捉和封存技术，将二氧化碳从其他气体中分离出来，并通过特定的技术将其永久储存到海底或者矿底，实现温室气体的负排放。目前，发展中国家在发展低碳经济时都面临着严重的技术壁垒，中国也不例外。在低碳技术研发和技术储备方面，中国与发达国家还有较大差距，落后的低碳科技水平制约了中国由高碳经济向低碳经济转型。

低碳技术是发展低碳经济的关键因素，而兵团在低碳技术研发、低碳技术储备方面与东部发达地区相比还存在短板，落后的清洁生产技术、节能减排技术、碳捕捉和封存技术等低碳技术制约了兵团高排放产业由"高碳耗能经济"向"低碳节能经济"转型。①近年来中国研发投入占 GDP 的比例逐年上升，从 2005 年的 1.34％上升到 2018 年的 2.14％，表明中国投入的科研经费呈现稳定的增长态势。新疆的研发投入占 GDP 的比例呈现出先升后降的趋势，但总体趋势为上扬态势。②兵团的研发投入占 GDP 的比例总体呈现显著的下降趋势，另外兵团的研发投入占 GDP 的比例远低于新疆和全国，这是导致兵团科技创新技术水平不足的重要原因。2005 年兵团的研发投入占 GDP 的比例仅有 0.22％，分别相当于全国的 16.42％和新疆 88.00％；2018 年兵团的研发投入占 GDP 的比例下降到 0.08％，仅相当于 2005 年的 36.36％。2018 年全国和新疆研发投入占 GDP 的比例分别是兵团的 26.75 倍和 6.63 倍。③高新技术人才缺乏、企业的绿色发展观念不强、低碳技术未能有效开发利用等因素使得兵团低碳发展面临多重约束。兵团人力资本质量相对较低，高新技术人才较为缺乏。兵团人才队伍素质偏低的一个直接后果就是创新能力弱，申请和授权专利数量很少，远远低于兵团人口比例。2018 年兵团申请专利 113 件，其中发明专利 61 件；授权专利 66 件，其中发明专利 21 件。新疆申请专利 5 670 件，其中发明专利 2 043 件；授权专利 1 273 件，其中发明专利 298 件。兵团与新疆相比差距较明显。此外，兵团高排放产业企业在发展过程中过多地关注自身利益最大化，往往忽略经济与环境的协调发展。兵团高排放企业的绿色发展观念不强，低碳节能技术的开发与实施相对较慢，也在一定程度上制约了兵团高排放产业的低碳化转型（表 3-8）。

表 3-8 2005—2018 年兵团、新疆及全国的研发投入、专利及科技活动情况（％）

年份	研发投入占 GDP 的比例			科技活动从业人数增长率			专利申请受理与授权总数增长率		
	兵团	新疆	全国	兵团	新疆	全国	兵团	新疆	全国
2005 年	0.22	0.25	1.34	−0.01	0.09	0.05	1.00	0.21	0.19
2006 年	0.25	0.28	1.39	0.01	0.02	0.09	1.25	0.24	0.30
2007 年	0.17	0.28	1.40	−0.02	0.02	0.08	0.39	0.10	0.24
2008 年	0.18	0.38	1.47	0.06	0.26	0.05	−0.08	0.03	0.19
2009 年	0.22	0.52	1.70	0.04	−0.16	0.06	1.87	0.21	0.26
2010 年	0.19	0.49	1.76	0.35	0.01	0.07	0.20	0.29	0.31
2011 年	0.20	0.50	1.78	0.00	0.06	0.06	−0.20	0.27	0.27
2012 年	0.21	0.52	1.91	0.02	0.03	0.03	1.38	0.42	0.27
2013 年	0.15	0.53	1.99	−0.03	0.04	0.01	0.28	0.26	0.12
2014 年	0.16	0.53	2.02	0.03	−0.09	0.02	−0.06	0.17	−0.01
2015 年	0.14	0.56	2.07	0.00	0.06	0.02	4.34	0.36	0.23
2016 年	0.11	0.59	2.10	−0.01	−0.01	0.01	−0.66	0.01	0.16
2017 年	0.15	0.52	2.12	−0.03	−0.02	0.02	−0.36	0.08	0.06
2018 年	0.08	0.53	2.14	−0.14	0.10	0.02	−0.15	0.07	0.22

数据来源：根据 2006—2019 年《兵团统计年鉴》《新疆统计年鉴》《中国统计年鉴》整理计算而得。

3.3.2.3 发展方式较为粗放与产业结构失调

（1）经济的粗放式增长是兵团低碳发展的核心制约因素。从兵团三次产业结构比重可以看出，兵团经济发展主要依赖于工业企业的发展，扩张"三高"（高污染、高能耗、高排放）企业规模，忽略了发展过程中对生态环境的负面影响。由表 3-9 可知，2005—2018 年兵团第一、二、三产业比重分别呈现不断下降、先升后降、先降后升的趋势，同时与新疆和全国相比，兵团的第一产业比重明显过高。按照产业结构的类型来看，2018 年兵团第一、二、三产业比重分别为 21.70%、41.80%、36.60%，其中第二产业占比较大，与新疆和全国的"三二一"型产业结构差别较大。"三二一"型产业结构意味着新疆和全国产业结构都已由工业主导转变为服务业主导，迈向了较高效益的综合发展阶段。对兵团来说，产业结构步入"二三一"型后趋于相对稳定，未能进一步实现向高级化的突破。而产业结构中第二产业和高耗能产业占比较高，会有以下负面影响：一方面，会给经济社会带来较大的能源消耗压力，不利于能源资源和环境的可持续发展；另一方面，容易产生能源高投入低产出的现象，导致能耗强度偏高，能源利用效率下降。

表 3-9 2005—2018 年兵团、新疆及全国三次产业构成比较（%）

年份	兵团			新疆			全国		
	第一产业	第二产业	第三产业	第一产业	第二产业	第三产业	第一产业	第二产业	第三产业
2005 年	39.40	25.20	35.40	19.60	44.70	35.70	11.60	47.00	41.30
2006 年	37.80	26.40	35.80	17.30	47.90	34.80	10.60	47.60	41.80
2007 年	36.80	28.90	34.30	17.70	46.80	35.40	10.20	46.90	42.90
2008 年	34.90	31.70	33.40	16.30	49.60	34.10	10.20	46.90	42.90
2009 年	33.50	33.80	32.70	17.40	45.30	37.30	9.60	46.00	44.40
2010 年	36.20	34.00	29.80	19.30	48.00	32.70	9.30	46.50	44.20
2011 年	33.50	38.10	28.40	16.50	49.30	34.20	9.20	46.50	44.30
2012 年	32.40	39.70	27.90	16.80	46.90	36.30	9.10	45.40	45.50
2013 年	29.00	41.80	29.20	15.80	42.90	41.30	8.90	44.20	46.90
2014 年	24.00	44.70	31.30	15.30	43.20	41.50	8.70	43.30	48.00
2015 年	22.10	45.70	32.20	15.30	39.10	45.60	8.40	41.10	50.50
2016 年	21.90	45.20	32.80	15.50	38.30	46.20	8.10	40.10	51.80
2017 年	21.60	43.90	34.50	14.30	39.80	45.90	7.60	40.50	51.90
2018 年	21.70	41.80	36.60	13.90	40.30	45.80	7.20	40.70	52.20

数据来源：根据 2006—2019 年《兵团统计年鉴》《新疆统计年鉴》《中国统计年鉴》整理计算而得。

（2）兵团三次产业比重中第二产业占比较大，表明兵团仍处于依赖重工业企业发展的工业化阶段，产业结构失调制约了低碳技术的普及应用，延长了高碳经济发展模式的依赖期。一方面，由表 3-10 可知，从第二产业的内部结构看，工业产值平均相当于建筑业产值的 1.84 倍，工业化进程发展较快。另一方面，2018 年兵团霍夫曼系数为 0.49，表明当前兵团正处于对能源资源需求较高的第四阶段①，重工业产值相当于轻工业产值的 2 倍。本节利用《兵团统计年鉴》数据，分别以轻工业产值和重工业产值代替消费资料工业的净产值和资本资料工业的净产值，以近似地反映霍夫曼系数，即霍夫曼系数＝轻工业总产值/重工业总产值。

表 3-10　兵团第二产业产值构成及霍夫曼系数

年份	第二产业产值		工业产值		重工业产值与轻工业产值比值	霍夫曼系数
	工业产值	建筑业产值	轻工业产值	重工业产值		
2005 年	0.62	0.38	0.52	0.48	0.92	1.08
2006 年	0.65	0.35	0.50	0.50	1.00	1.00
2007 年	0.66	0.34	0.52	0.48	0.92	1.08
2008 年	0.67	0.33	0.50	0.50	1.00	1.00
2009 年	0.68	0.32	0.51	0.49	0.96	1.04
2010 年	0.67	0.33	0.51	0.49	0.96	1.04
2011 年	0.65	0.35	0.43	0.57	1.33	0.75
2012 年	0.63	0.37	0.36	0.64	1.78	0.56
2013 年	0.64	0.36	0.35	0.65	1.86	0.54
2014 年	0.62	0.38	0.35	0.65	1.86	0.54
2015 年	0.61	0.39	0.36	0.64	1.78	0.56
2016 年	0.63	0.37	0.38	0.62	1.63	0.61
2017 年	0.65	0.35	0.36	0.64	1.78	0.56
2018 年	0.68	0.32	0.33	0.67	2.03	0.49

数据来源：根据 2006—2019 年《兵团统计年鉴》整理计算而得。

从表 3-10 可以看出，2005—2008 年兵团工业总体得到了有效恢复，兵团霍夫曼系数在此期间整体呈波动下降趋势。根据霍夫曼理论，当一国或地区

①　1931 年德国经济学家霍夫曼在《工业化的阶段和类型》中通过分析制造业中消费资料工业生产与资本资料工业生产的比例关系，概括出霍夫曼系数。霍夫曼系数＝消费资料工业的净产值/资本资料工业的净产值。根据霍夫曼系数值的不同，工业化进程可分 4 个阶段：第一阶段霍夫曼系数为 4～6，第二阶段为 1.5～2.5，第三阶段为 0.5～1.5，第四阶段为 1 以下。得到的结论是，各国工业化无论开始于何时，一般都具有相同的趋势。即随着一国工业化的进展，消费品部门与资本品部门的净产值之比逐渐趋于下降，霍夫曼系数呈现出不断下降的趋势；消费资料主要是轻纺工业部门生产的，资本资料主要是重化工部门生产的。因而，霍夫曼对工业结构的研究实际上是在分析工业结构的"重工业化"趋势。实际情况表明，霍夫曼关于工业化过程中工业结构演变规律的理论在工业化前期是基本符合现实的。

的重工业产值与轻工业产值比大于 1 时，说明该国或该地区进入了重工业时代。兵团霍夫曼系数在 2011 年低于 1，为 0.75，2018 年兵团霍夫曼系数为 0.49，可知兵团重工业越来越"重"，轻工业越来越"轻"，霍夫曼系数 14 年间降低了 0.59。2009—2011 年兵团重工业占比逐渐上升，兵团工业实现了跨越发展；2012—2018 年兵团工业化阶段处于第四阶段，兵团霍夫曼系数不断下降，兵团工业逐步重工业化，对能源资源消费需求较强。

此外，兵团三次产业比重中第二产业占比较大，以高新技术为主的第三产业发展较为缓慢，产业结构严重失衡，且高新技术不能有效应用到低碳发展领域，导致兵团工业发展的高能耗特征显著。上述的诸多现实制约因素都引致兵团高排放产业的低碳发展困境，加剧了兵团能源资源损耗，阻碍了兵团的绿色经济和低碳经济发展进程。

3.4 本章小结

本章描述性概括了兵团高排放产业的能耗现状及减排困境，从能耗总量、能耗占比、能耗强度等低碳经济指标进行深入分析，为下文兵团高排放产业的碳排放测度、碳排放影响因素及低碳发展路径等研究打下坚实的现实基础。因此，基于上述的能源消耗特征分析，重要结论总结如下。

（1）对兵团近年来各产业的能源消耗量进行计算，得到所有产业的能源消耗量并进行比较，以 2005—2018 年年均碳排放量排名前十位的"电力、热力生产和供应业，化学原料及化学制品制造业，石油、煤炭及其他燃料加工业，非金属矿物制品业，食品制造业，黑色金属冶炼和压延加工业，农副食品加工业，纺织业，煤炭开采和洗选业，化学纤维制造业"界定为兵团十大高排放产业，作为后文具体的研究对象。

（2）兵团高排放产业的能耗总量基数庞大，且呈现逐年递增的发展态势。

（3）兵团高排放产业的能耗占比排序为：原煤＞电力＞天然气＞液化石油气。原煤的消耗量最高，是兵团高排放产业的主要用能；原煤能源消耗占比超过了 80％，变动幅度稳定在 10％的增减范围；天然气、液化石油气等能源消耗占比及变动相对稳定，增减幅度相对较小；电力能源消耗占比逐年上升。

（4）兵团能耗强度总体呈现倒 U 形发展态势。2005 年兵团工业能耗强度为 0.832 5 吨标准煤/万元，2018 年兵团工业能耗强度为 1.341 8 吨标准煤/万元，说明兵团高排放产业能源利用效率较低，这是造成兵团碳排放量较高的重要因素之一。从各个产业的能耗强度来看，均出现了不同程度的起伏。因此，兵团应积极开发各行业的低碳化技术，提升能源利用效率，降低各高排放产业的能耗强度，突破兵团环境污染的生态困境。

（5）兵团高排放产业面临的减排困境主要体现在行业特性下的兵团高排放产业减排困境和行业共性下的兵团高排放产业减排困境。其中，行业特性下的兵团高排放产业减排困境表现为资源型产业过度集聚且快速扩张、化工类与电热类产业能耗较大且煤炭依赖严重两方面，而行业共性下的兵团高排放产业减排困境主要表现为能耗强度大且能源利用效率低、减排的内生动力和技术支持不足、发展方式较为粗放与产业结构失调三方面。

第4章　兵团高排放产业碳排放测度及
排放特征分析 ///////////////////////////////

本书以兵团为区域研究对象，第 2 章、第 3 章主要分析了兵团高排放产业碳排放的理论基础以及碳减排的现实困境，从高排放产业的能耗总量、能耗占比以及能耗强度三个方面对兵团高排放产业的能耗现状展开描述，从行业特性和行业共性两个层面探查兵团高排放产业减排困境。基于前文对兵团高排放产业的范围界定，本章将对兵团高排放产业碳排放量数值进行具体测度，分别从兵团总体视角和师域视角，从碳排放总量、增速状况、占比现状、排放强度等方面对兵团碳排放特征进行定量化客观描述，规律性总结兵团高排放产业碳排放水平，旨在从更加系统的视角对兵团高排放产业碳排放特征进行全方位的深入分析。

4.1　数据来源及测算方法

4.1.1　数据来源

目前兵团缺少对碳排放的直接监测数据，大部分测算研究主要基于对能源消费量的估算。本章在之前学者研究的基础上（胡初枝等，2008；张巍等，2017；许华等，2021），同样采用能源消费量的估算方法对兵团整体及相关产业的碳排放量进行测算。兵团能源消耗数据主要来源于 2006—2019 年《兵团统计年鉴》和《新疆统计年鉴》，部分数据根据国家相关数据以及相关计算处理得出。

4.1.2　测算方法

碳排放是指由于人类生产生活对气候变化造成明显影响的温室气体排放，"十二五"期间国家定量的碳强度目标只针对与能源活动相关的二氧化碳排放。按照 IPCC 的分类，能源活动相关温室气体排放可以分为能源燃烧排放和逃逸性排放两类。逃逸性排放的温室气体主要是甲烷，能源活动相关的碳排放几乎全部来自能源燃烧，因此本章对于高排放产业碳排放的计算主要是化石燃料的燃烧所产生的碳排放。

依据 IPCC 提供的碳排放计算方法，基于各能源消费总量和能源燃烧中碳排放系数的乘积汇总，对兵团高排放产业 2005—2018 年碳排放量进行测算，计算方法为：

$$C = \sum_{i=1}^{n} C_i = \sum_{i=1}^{n} E_i \times \frac{C_i}{E_i} = \sum_{i=1}^{n} E_i \times F_i \qquad (4-1)$$

其中，C_i 表示第 i 类能源的碳排放量，E_i 为第 i 类能源消费量；F_i 为某一能源 i 的碳排放强度，称为碳排放系数，为常数。

高耗能产业消耗的能源种类众多，兵团高排放产业消耗的能源主要包括煤炭、石油、天然气、水电及其他能源。由于水电和其他能源中的风能、太阳能的燃烧所产生的碳排放量相对较小，所以这些能源通常被研究学者称为"零碳能源"，故不作为兵团产生碳排放量的能源消耗指标。考虑到能源数据的代表性及兵团相关能源数据的可获取性，将主要对兵团高排放产业的煤炭、石油和天然气等主要能源消耗所产生的碳排放量进行估算。

能源碳排放系数为常数，通常用"吨二氧化碳排放量/吨标准煤"来计算，不同国家能源机构所公布的能源碳排放系数具有差异性，本章采用国家发展和改革委员会能源研究所公布的碳排放系数进行碳排放量的核算。其中，煤炭、石油、天然气三种能源的碳排放系数分别为 0.747 6、0.582 5、0.443 5（表 4-1）。

表 4-1　各能源机构煤炭、石油、天然气碳排放系数

数据来源机构	煤炭	石油	天然气
美国能源部	0.702	0.478	0.389
日本能源经济研究所	0.756	0.586	0.449
国家发展和改革委员会能源研究所	0.747 6	0.582 5	0.443 5

数据来源：2013 年中国可持续发展能源暨碳排放情景分析。

4.2　兵团高排放产业碳排放的总体特征分析

第 3 章中通过能源消费量对工业产业进行识别，最终选取排名靠前的十类产业作为兵团高排放产业；结合兵团 2005—2018 年相关数据，根据碳排放核算公式，对兵团十大高排放产业的碳排放总量特征的数值进行测算统计，对兵团高排放产业碳排放总量、增速、占比、强度、效率特征进行具体分析。

4.2.1 兵团高排放产业碳排放的总量特征

从兵团高排放产业碳排放量的整体变化趋势来看，2005—2017 年多数产业碳排放量呈现波动上升态势，2018 年有所降低；个别产业碳排放量逐年增加，各产业间碳排放量差异显著，呈现两极分化趋势。这可能与兵团高排放产业的能耗量以及低碳技术发展息息相关。对兵团十大高排放产业的碳排放测度结果如表 4-2 所示，具体分析如下。

表 4-2 2005—2018 年兵团高排放产业的碳排放量

单位：万吨

年份	行业 1	行业 2	行业 3	行业 4	行业 5	行业 6	行业 7	行业 8	行业 9	行业 10
2005 年	159.10	0.25	27.04	51.72	7.35	3.24	12.19	4.67	6.10	1.18
2006 年	162.78	1.70	40.10	66.87	9.58	3.88	20.83	4.44	6.74	0.90
2007 年	254.54	3.33	63.97	68.59	22.55	3.52	26.13	3.70	7.72	0.61
2008 年	250.96	98.45	56.09	79.46	24.82	3.16	24.14	3.43	9.79	1.58
2009 年	358.07	171.75	60.54	94.84	27.99	4.15	22.47	4.77	7.59	1.77
2010 年	415.13	177.37	62.71	113.47	28.52	2.28	26.84	5.97	9.55	1.42
2011 年	511.33	327.17	150.61	122.74	35.23	0.83	26.98	4.66	18.83	9.18
2012 年	722.34	397.06	179.49	144.85	27.61	1.31	29.78	5.49	34.82	0.75
2013 年	926.60	416.43	540.41	156.64	74.17	2.92	28.76	5.06	55.16	4.39
2014 年	1 016.69	436.04	922.49	125.92	70.47	5.49	35.25	5.47	118.04	2.73
2015 年	1 284.10	671.48	818.66	67.48	81.33	2.94	37.44	5.14	114.66	1.97
2016 年	1 579.57	642.63	1 028.37	92.79	83.59	2.07	36.31	3.26	105.37	13.34
2017 年	1 708.46	621.65	1 002.06	102.24	91.09	6.77	33.61	1.39	73.11	13.95
2018 年	1 980.64	593.59	765.83	122.03	88.85	3.33	27.44	0.29	58.14	18.71
均值	809.31	325.64	408.46	100.69	48.08	3.28	27.73	4.12	44.69	5.18
末期与基期差值	1 821.54	593.34	738.79	70.31	81.50	0.09	15.25	-4.38	52.04	17.53

数据来源：根据 2006—2019 年《兵团统计年鉴》相关数据计算整理而得。

注：行业 1 为电力、热力生产和供应业，行业 2 为化学原料及化学制品制造业，行业 3 为石油、煤炭及其他燃料加工业，行业 4 为非金属矿物制品业，行业 5 为食品制造业，行业 6 为黑色金属冶炼和压延加工业，行业 7 为农副食品加工业，行业 8 为纺织业，行业 9 为煤炭开采和洗选业，行业 10 为化学纤维制造业，下同。

4.2.1.1 兵团高排放产业碳排放的规模总量特征

兵团高排放产业间的碳排放量表现为两极分化，存在碳排放量过高的产业与碳排放量过低的产业。电力、热力生产和供应业作为碳排放量最高的产业，对兵团整体碳排放量产生显著影响，年均碳排放量高达 809.31 万吨，比碳排放量排名第二位的石油、煤炭及其他燃料加工业多出 400.85 万吨，是兵团碳排放的最主要来源，也是未来兵团碳减排的重点。化学原料及化学制品制造业，石油、煤炭及其他燃料加工业，以及非金属矿物制品业碳排放量居于其后，平均值分别为 325.64 万吨、408.46 万吨与 100.69 万吨。黑色金属冶炼及压延加工业、纺织业与化学纤维制造业属于低碳排放，平均碳排放量仅为 3.28 万吨、4.12 万吨与 5.18 万吨。可见，兵团碳排放的来源主要集中于能耗排名前四位的 4 个产业，产业间的碳排放显示出明显差异[①]。

4.2.1.2　兵团高排放产业碳排放的变化幅度特征

兵团高排放产业碳排放量变化幅度与碳排放量呈正相关关系，碳排放量高的产业变化幅度最为明显，低碳排放产业碳排放量变化幅度微弱。从 2005 年到 2018 年，电力、热力生产和供应业增加了 1 821.54 万吨碳排放量，增加幅度远远高于其他产业，是兵团化石能源消耗最多、污染最大的产业。兵团十大高排放产业中仅有纺织业 2005 年碳排放量与 2018 年碳排放量的差值为负，即碳排放呈现减少的变化趋势，其余高排放产业始终保持增加的变化态势。可见，对于兵团来说，经济发展较依赖于重工业企业的发展，"三高"企业不断扩张规模，绿色技术创新发展能力有限，能源需求量大但存在能源低效利用困境，导致碳排放量大幅度增加。

4.2.1.3　兵团高排放产业碳排放的变化趋势特征

2005—2018 年兵团十大高排放产业的碳排放量基本表现为"小幅波动，大幅增长"，碳排放总量最高的产业大致呈现出逐年增加的变化趋势，其余产业大都表现出先增后降的变化趋势。

对各产业碳排放量的动态变化进行具体分析。①电力、热力生产和供应业的年均碳排放量排名第一，且逐年大幅增长，尚未出现降低的势头，碳排放总量最高值为 2018 年的 1 980.64 万吨，显著高于其他产业。电力、热力生产和供应业作为"三高"产业，兵团需要提高该产业的能源利用效率，加快绿色低

---

① 需要特别说明的是，按照能耗量选出的十大高排放产业的碳排放量排序有所差异，主要原因在于各类能源品种的碳排放系数有所不同，以煤炭消耗产生的碳排放量最高，石油、天然气依次次之，而各产业间的能耗品种也存在差异。

碳转型。该产业是助力兵团实现碳达峰、碳中和目标的重点攻坚对象。②"石油、煤炭及其他燃料加工业，化学原料及化学制品制造业，非金属矿物制品业，食品制造业，煤炭开采和洗选业，农副食品加工业"这六大高排放产业的年均碳排放量较高，碳排放量最高值分别达到 1 028.37 万吨、671.48 万吨、156.64 万吨、91.09 万吨、118.04 万吨与 37.44 万吨，碳排放总量大致表现为先增加后降低的变化趋势，仅 2018 年碳排放总量相对来说有所减少。其原因可能是：由于经济粗放增长与能源低效利用，前期高碳污染的排放增加趋势非常明显，近年来由于生态文明建设的有力推进，兵团处于探索绿色循环发展道路的初期阶段，环境污染治理对碳排放量有所限制，自 2012 年起各产业的碳排放量增长幅度明显放缓，而非金属矿物制品业、食品制造业两大产业的碳排放量因经济发展的推动力依然存在碳排放量上升的潜在风险。③化学纤维制造业的年均碳排放量较低，但近年来依然呈现指数型增长的趋势。④仅有黑色金属冶炼和压延加工业、纺织业的碳排放量呈现"水平式"的小幅度变动甚至回落的趋势，年均碳排放量均处于较少水平。

从轻重工业碳排放量变化态势看，2005—2018 年兵团重工业碳排放量始终占据主要部分，并呈现逐年增长态势；2005—2018 年兵团轻工业碳排放量先增加后减少，排放量显著少于重工业（图 4-1）。具体来看，高排放产业主要集中在能耗量巨大的重工业，重工业发展带动经济快速增长，同时对碳排放量和环境问题产生了显著负向影响，重工业碳排放量 2006 年为 379.99 万吨，之后一直稳步增长，至 2018 年重工业碳排放量达到 4 027.70 万吨，是兵团主要的碳排放量来源。轻工业碳排放量从 2006 年至 2016 年始终在增加，从43.81 万吨增加到 147.89 万吨，2017 年之后轻工业碳排放量增加幅度有所下降。此外，碳排放量排名前十位的产业中，大部分产业为重工业，轻工业仅占据少部分，并且轻工业产业的碳排放量也相对较少。故兵团的高碳排放量主要来源于重工业，只有对重工业实施绿色技术的改进以及环境规制的调控，才能有效降低兵团以及高排放产业的碳排放，促进兵团生态环境的改善。

4.2.2 兵团高排放产业碳排放的整体增速特征

从兵团高排放产业碳排放量的整体变化速度看，兵团高排放产业之间碳排放增速各有差异；但近年来随着技术完善以及产业成熟发展，兵团高排放产业碳排放量增长率逐渐由正转负，呈现出好转的态势。

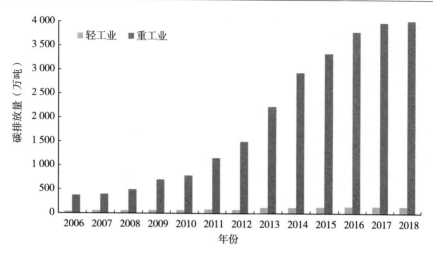

图 4-1 2006—2018 年兵团轻重工业碳排放量

（数据来源：根据 2007—2019 年《兵团统计年鉴》整理而得，

2005 年轻重工业的数据暂无统计，故从 2006 年开始计算）

4.2.2.1 兵团高排放产业碳排放总量的整体增速特征

2005—2018 年兵团高排放产业的碳排放总量始终保持增加的发展方向，增加速度逐渐放缓，多年来碳排放总量增长率表现出"稳下降、强波动"的特征，同时呈现出双 M 形的波动变化趋势，碳排放总量增长率在 2013 年达到顶峰，此后碳排放总量增长率持续降低并再未出现峰值，碳排放得到有效控制（图 4-2）。

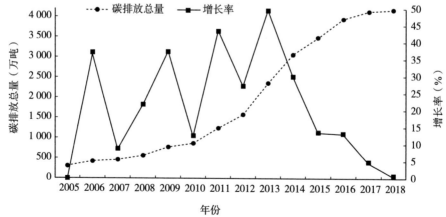

图 4-2 2005—2018 年兵团高排放产业的碳排放总量及其增长率

（数据来源：根据 2006—2019 年《兵团统计年鉴》整理而得）

4.2.2.2 兵团高排放产业碳排放的年均增长率总体变化特征

从兵团高排放产业碳排放的年均增长率来看，2005—2018年兵团各高排放产业的碳排放年均增长率有显著差异，碳排放量高的产业，其年均增长率也偏高（图4-3）。其中，化学原料及化学制品制造业碳排放年均增长率高达82.00%，远高于其他产业的碳排放年均增长率，该产业多年来始终保持较高的碳排放量；比较特殊的为纺织业，纺织业碳排放年均增长率为－19.21%，碳排放年均增速为负，是兵团十大高排放产业中碳排放增长率唯一为负的产业，说明纺织业的碳排放量整体为减少的变化趋势，在顺应低碳发展大环境的同时，纺织业能源利用效率也在随之进步，减轻了地区的资源存储和环境污染压力；其他高排放产业碳排放量则始终保持中等水平，增长速度持续增加。

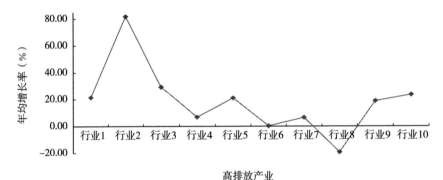

图4-3 兵团高排放产业碳排放的年均增长率

（数据来源：通过"表4-2 2005—2018年兵团高排放产业的碳排放量"计算而得）

4.2.2.3 兵团高排放产业碳排放增速的总体变化趋势特征

2005—2018年兵团大部分高排放产业碳排放增长率逐渐由正转负或者逐渐降低，说明高排放产业碳排放量在减少，表现出好转的态势（表4-3）。

表4-3 2006—2018年兵团高排放产业碳排放增速（%）

年份	行业1	行业2	行业3	行业4	行业5	行业6	行业7	行业8	行业9	行业10
2006年	2.31	586.64	48.27	29.29	30.39	19.85	70.96	－5.03	10.56	－23.64
2007年	56.37	96.40	59.55	2.58	135.30	－9.27	25.45	－16.70	14.55	－31.96
2008年	－1.41	2 855.48	－12.32	15.84	10.09	－10.36	－7.62	－7.17	26.73	157.75

（续）

年份	行业 1	行业 2	行业 3	行业 4	行业 5	行业 6	行业 7	行业 8	行业 9	行业 10
2009 年	42.68	74.45	7.93	19.36	12.76	31.55	−6.93	39.03	−22.45	12.03
2010 年	15.94	3.27	3.59	19.64	1.88	−45.22	19.43	25.14	25.79	−19.89
2011 年	23.18	84.46	140.17	8.17	23.56	−63.74	0.55	−21.9	97.32	547.11
2012 年	41.27	21.36	19.18	18.01	−21.64	58.30	10.38	17.78	84.88	−91.86
2013 年	28.28	4.88	201.07	8.14	168.65	123.81	−3.45	−7.85	58.42	487.42
2014 年	9.72	4.71	70.70	−19.62	−4.99	87.92	22.58	8.02	114.00	−37.90
2015 年	26.30	54.00	−11.26	−46.41	15.41	−46.48	6.20	−6.04	−2.87	−27.78
2016 年	23.01	−4.30	25.62	37.51	2.77	−29.76	−3.00	−36.58	−8.10	577.59
2017 年	8.16	−3.27	−2.56	10.18	8.98	228.04	−7.45	−57.38	−30.62	4.64
2018 年	15.93	−4.51	−23.57	19.36	−2.46	−50.80	−18.35	−78.96	−20.47	34.10

数据来源：通过"表 4-2　2005—2018 年兵团高排放产业的碳排放量"计算而得。

注：2005 年碳排放量为起始数据，所以增长率从 2006 年开始，下同。

（1）纺织业碳排放增长率呈现波动变化趋势，14 年间其增长幅度起伏变动显著，2006—2018 年显著下降。纺织业大多数年份碳排放增长率均为负，并且年均增长率为负，说明随着纺织业技术的成熟，能源利用效率的提高有效降低了纺织业能耗量。

（2）碳排放年均增长率偏高的兵团高排放产业各年份碳排放增速变化有所差异，整体来看增长速度表现为先增加后减缓。其中，碳排放年均增长率最高的化学原料及化学制品制造业 2005—2018 年的碳排放增长率表现出"M＋倒 V"形的波动变化趋势，各年份之间差异明显。2008 年化学原料及化学制品制造业碳排放增长率极高，达到 2 855.48％，表明该年兵团对化学产业进行大量能源投入，2008 年为该产业迅速发展时期；2016 年之后碳排放开始逐渐减少，说明该产业发展进入成熟期，技术设备相对完善。电力、热力生产和供应业的碳排放增长率变化相对来说较为平缓，较少出现差异明显的波动，碳排放减少趋势不显著，多数年份呈现正效应增长，但增加速度在放缓，说明该产业的碳排放基数最高，增长空间有限制。食品制造业、煤炭开采和洗选业增长率变化幅度同样差异明显，2013 年与 2014 年两个行业碳排放急剧增加，急剧增加之后便是断崖式下滑，说明在生态文明建设理念指引下，兵团始终大力推进生态文明建设，对高排放、高污染行业进行控制，逐步降低碳排放量。

（3）碳排放年均增长率偏低的高排放产业各年份增长率变化同样具有差异

性。其中，非金属矿物制品业的碳排放增长率表现为双 W 形波动变化趋势，多数年份碳排放都保持增长态势，在 2015 年碳排放增长率达到最低，为－46.41%，其后又有所上涨，减排效果保持得较差。农副食品加工业的年均增长率较低，2006 年以来碳排放保持平稳的速度增加，从 2016 年开始农副食品加工业碳排放便以加速度减少，在一定程度上也说明兵团该产业得到了有效发展。黑色金属冶炼和压延加工业指的是以重钢为主的钢铁企业，该产业增长率变化起伏较大，但由于碳排放基数低，所以碳排放只是在小幅度范围内出现增减变化，没有出现明显的下降。

4.2.3 兵团高排放产业碳排放的总体占比特征

上文对兵团高排放产业碳排放总量和整体增速进行分析，得到碳排放总量以及增速的变化趋势。根据前文的碳排放量数据，本小节将对兵团高排放产业碳排放的占比特征进行定量分析。在对产业的分类中，将产业按照产品性质进行划分时，我国一般将工业划分为轻工业和重工业。因此将轻重工业碳排放量之和作为工业碳排放总量，并计算兵团高排放产业碳排放量占工业碳排放总量的比例。

从兵团高排放产业碳排放占比的整体趋势看，高排放产业碳排放量占工业碳排放总量的比例呈现逐渐走低的趋势，但随着兵团工业经济的发展，这些高排放产业带来的产值并没有随着碳排放量占比走低而降低。可以看出兵团近年来减排政策卓有成效，产业结构尤其是工业结构进一步优化，产业调整取得一定成效，但工业节能形势依然严峻。

4.2.3.1 兵团碳排放量占新疆碳排放量的比例特征

2005—2018 年兵团碳排放量在新疆碳排放量中占据重要部分，兵团碳排放量占新疆碳排放量的比例大致保持着上升的发展趋势，2017 年开始稍有降低。兵团碳排放量占新疆碳排放量的比例变化大致可以分为三个阶段：第一阶段为 2005—2008 年，表现为缓慢上升走向；第二阶段为 2009—2016 年，为快速增长阶段；第三阶段为 2016 年之后，兵团碳排放量占比逐年降低。兵团土地面积占新疆总面积的 4.24%，然而兵团碳排放量占新疆碳排放量的比例平均值达到 18.58%，其中最高占比在 2016 年，高达 38.73%。兵团以较少的土地面积排放出较多的碳，说明在新疆众多区域中兵团的碳排放量较高。但是新疆碳排放量始终以较为稳定的速度增加，兵团碳排放占比在逐年降低，说明兵团减排政策尚有成效（图 4-4）。

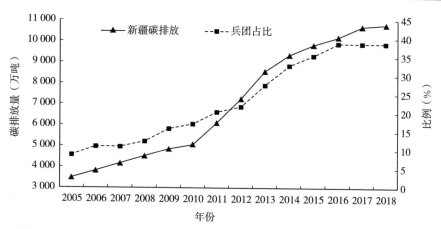

图 4 - 4　2005—2018 年新疆碳排放量以及兵团碳排放量占新疆碳排放量的比例

（数据来源：根据 2006—2019 年《兵团统计年鉴》《新疆统计年鉴》相关数据计算整理而得）

4.2.3.2　兵团高排放产业碳排放量占工业碳排放总量的比例特征

2005—2018 年兵团高排放产业碳排放量占工业碳排放总量的比例居高，表现为先增后降的变化趋势，大致经历了三个阶段：①第一阶段为 2005—2007 年，呈现 V 形变化趋势，并在 2007 年高排放产业碳排放量占比达到最高值；②第二阶段为 2008—2012 年，高排放产业碳排放占比平缓变化；③第三阶段为 2013—2018 年，高排放产业碳排放占比明显降低。占比最低时为 2006 年的 74.99%，2007—2013 年均高于 90%，占比最高时为 2007 年的 98.69%，平均占比达到 92.12%，说明选取的十大高排放产业碳排放量是兵团工业碳排放总量中最主要的部分，能够代表兵团工业的整体碳排放情况（图 4 - 5）。

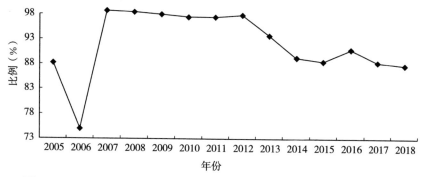

图 4 - 5　2005—2018 年兵团高排放产业碳排放量占工业碳排放总量的比例

（数据来源：通过"表 4 - 2　2005—2018 年兵团高排放产业的碳排放量"计算而得）

注：占比总和为十大高排放产业碳排放量加总的数值占工业碳排放总量的比例。

4.2.3.3 兵团各类高排放产业碳排放量占工业碳排放总量的比例特征

2005—2018 年兵团各类高排放产业碳排放量占工业碳排放总量的比例表现出"微波动，趋降低"的变化特征，并且这种变化特征在碳排放量占比较低的产业表现得更为明显。各产业碳排放量占比动态变化具体特征如下：①电力、热力生产和供应业碳排放量占工业碳排放总量的比例最高，碳排放量占比大致经历了先增再减又增的变化趋势，但是 2018 年的碳排放量占比低于 2005 年。该产业碳排放量始终逐年增加，碳排放量占比却趋于降低，说明碳排放量不再集中于该产业，其他产业的碳排放量有所增长。②个别产业比较明显的变化趋势是，碳排放量占比在经过快速增加后，表现出明显减少的趋势。化学原料及化学制品制造业碳排放量占比在 2008 年快速提升，后来该产业占比逐渐趋于降低。石油、煤炭及其他燃料加工业，煤炭开采和洗选业的占比特征也与之相同。③非金属矿物制品业、食品制造业、黑色金属冶炼和压延加工业、农副食品加工业、纺织业是兵团碳排放量占工业碳排放总量比例较低的高排放产业，并且这些产业的碳排放量占比均表现出逐年下降的波动过程。与其不同的是化学纤维制造业，该产业碳排放量占比在前期逐渐下降，但 2015 年之后其碳排放量占比显著增加，碳排放量有升高的显著特征（表4-4）。

表4-4　2005—2018 年兵团各类高排放产业碳排放量占工业碳排放总量的比例（％）

年份	行业 1	行业 2	行业 3	行业 4	行业 5	行业 6	行业 7	行业 8	行业 9	行业 10
2005 年	51.46	0.08	8.75	16.73	2.38	1.05	3.94	1.51	1.97	0.38
2006 年	38.41	0.40	9.46	15.78	2.26	0.92	4.92	1.05	1.59	0.21
2007 年	55.25	0.72	13.89	14.89	4.89	0.76	5.67	0.80	1.68	0.13
2008 年	44.76	17.56	10.00	14.17	4.43	0.56	4.31	0.61	1.75	0.28
2009 年	46.53	22.32	7.87	12.32	3.64	0.54	2.92	0.62	0.99	0.23
2010 年	47.98	20.50	7.25	13.12	3.30	0.26	3.10	0.69	1.10	0.16
2011 年	41.24	26.39	12.15	9.90	2.84	0.07	2.18	0.38	1.52	0.74
2012 年	45.78	25.17	11.38	9.18	1.75	0.08	1.89	0.35	2.21	0.05
2013 年	39.3	17.66	22.92	6.64	3.15	0.12	1.22	0.21	2.34	0.19
2014 年	33.16	14.22	30.09	4.11	2.30	0.18	1.15	0.18	3.85	0.09
2015 年	36.86	19.28	23.50	1.94	2.33	0.08	1.07	0.15	3.29	0.06
2016 年	40.05	16.29	26.07	2.35	2.12	0.05	0.92	0.08	2.67	0.34

（续）

年份	行业 1	行业 2	行业 3	行业 4	行业 5	行业 6	行业 7	行业 8	行业 9	行业 10
2017 年	41.32	15.04	24.24	2.47	2.20	0.16	0.81	0.03	1.77	0.34
2018 年	47.50	14.24	18.37	2.93	2.13	0.08	0.66	0.01	1.39	0.45

数据来源：通过"表 4 - 2　2005—2018 年兵团高排放产业的碳排放量"计算而得。

4.2.4　兵团高排放产业碳排放的总体强度特征

上文对兵团高排放产业的碳排放总量、增速以及占比特征进行分析，得到碳排放量的相关变化趋势。根据前文测算的碳排放量数据，本小节将对兵团高排放产业碳排放的总体强度特征进行量化测度。

碳排放强度，即单位 GDP 产生的碳排放总量。碳排放强度越高，表明能源资源利用效率越低，环境污染越严重；反之，碳排放强度越低，则表明能源的利用效率越高，产生的环境污染越少。关于兵团高排放产业的碳排放强度缺少相关 GDP 数据，因此利用高排放产业的产值作为代替。兵团高排放产业的碳排放强度量化结果如表 4 - 5 所示。

表 4 - 5　2005—2018 年兵团高排放产业的碳排放强度

单位：吨二氧化碳/万元

年份	行业 1	行业 2	行业 3	行业 4	行业 5	行业 6	行业 7	行业 8	行业 9	行业 10
2005 年	13.47	0.15	24.80	6.39	0.55	3.14	0.72	0.26	3.75	2.60
2006 年	12.89	0.69	21.22	5.57	0.53	2.57	1.07	0.21	2.91	2.31
2007 年	12.21	0.10	18.21	4.43	0.71	1.29	0.95	0.13	1.88	0.51
2008 年	10.68	1.70	8.42	3.48	0.70	1.06	0.63	0.11	1.27	0.55
2009 年	11.34	1.92	12.43	3.29	0.67	1.11	0.40	0.13	0.86	0.15
2010 年	10.62	1.77	5.52	2.41	0.44	0.38	0.31	0.09	0.68	0.06
2011 年	8.13	2.00	8.76	2.12	0.57	0.09	0.25	0.07	0.97	0.51
2012 年	7.20	2.30	6.32	1.71	0.52	0.10	0.23	0.07	1.67	0.23
2013 年	7.99	2.84	15.41	1.42	0.97	0.11	0.16	0.07	2.76	0.57
2014 年	6.68	2.62	15.09	0.90	0.70	0.13	0.15	0.07	4.92	0.28
2015 年	7.48	3.43	13.94	0.49	0.73	0.19	0.13	0.07	5.41	0.29
2016 年	8.15	3.00	17.63	0.57	0.71	0.11	0.11	0.03	5.66	0.79
2017 年	8.02	2.60	14.92	0.58	0.77	0.11	0.12	0.07	3.91	0.74
2018 年	8.06	2.98	8.37	0.68	0.77	0.06	0.12	0.002	2.90	0.74

数据来源：根据 2006—2019 年《兵团统计年鉴》相关数据计算整理而得。

兵团各高排放产业的碳排放强度表现出"高差异，缓降低"特征。2005—2018年兵团高排放产业的碳排放强度整体较高，但是近年来碳排放强度有减轻的趋势。兵团高排放产业的碳排放强度在产业间差异显著，出现两极分化的现象，个别产业碳排放强度极高，而个别产业碳排放强度偏低。说明对于兵团的工业产业而言，其在前期走"先污染后治理"的道路，碳排放利用效率较低；且随着经济的不断发展，企业自身忽视环境问题的严重性，在增加产品产出的同时仍采用粗放的生产经营模式，导致碳排放强度居高不下，加剧了兵团生态环境面临的压力。近些年随着环保意识逐渐加强与工业技术发展逐渐成熟，减排措施有所成效，能源利用效率也逐渐提高，可在相同产值下消耗更少的能源。下面进行具体分析。

4.2.4.1 兵团高排放产业碳排放强度的总体特征

兵团各高排放产业的碳排放强度表现出明显差异，碳排放量较高的产业也具有较高的碳排放强度，碳排放强度同样出现两极分化，大致可以分为高、中、低三种水平。具体来看：①碳排放强度排名靠前的为电力、热力生产和供应业与石油、煤炭及其他燃料加工业，这两类产业碳排放强度的最高值均在2005年，分别达到13.47吨二氧化碳/万元与24.80吨二氧化碳/万元；同时这两类产业也是碳排放总量较高的产业，但是其碳排放强度要远远高于碳排放量同样较高的化学原料及化学制品制造业。这说明这两类产业的能源资源利用效率比较低，同样的产值需要排放更多的二氧化碳，这两类产业要实现能源利用效率提升以及碳减排任务任重道远。兵团应重视其能源资源使用效率的提高，并通过技术改进、节能环保等举措，实现产业的转型升级，减低碳排放强度，以实现兵团高排放产业的低碳发展。②化学原料及化学制品制造业、非金属矿物制品业、煤炭开采和洗选业的碳排放强度处于中端水平，碳排放强度最高时分别为3.43吨二氧化碳/万元、6.39吨二氧化碳/万元与5.66吨二氧化碳/万元，能源效率有升有降，存在较高的优化空间。③食品制造业、农副食品加工业、纺织业、黑色金属冶炼和压延加工业、化学纤维制造业的碳排放强度在高排放产业中处于偏低水平，大部分时间的碳排放强度数值不足1.00吨二氧化碳/万元，同时这些产业碳排放量水平偏低，对改善环境污染作用有限，在继续保持当前碳排放量水平的同时仍需持续优化，才能产生良好的低碳发展效应。

4.2.4.2 兵团高排放产业碳排放强度的变化趋势特征

2005—2018年兵团各高排放产业碳排放强度变化趋势略有差异，但大致呈现趋于降低的变化态势，兵团高排放产业整体能源资源的利用效率逐渐提高（表4-5）。具体来看：①化学原料及化学制品制造业、食品制造业碳排放强度大致呈现N形波动，两类产业的碳排放强度相对于2005年水平而言都有明显增加，产业发展相对较晚。②石油、煤炭及其他燃料加工业、煤炭开采和洗选业碳排放强度大致先降再增又降。其中石油、煤炭及其他燃料加工业是碳排放强度最高的产业，并且数值变化及波动最为曲折，该产业单位GDP碳排放有很大的不确定性，需要重点加强对该产业的低碳规划与绿色转型。③电力、热力生产和供应业与非金属矿物制品业、黑色金属冶炼和压延加工业、农副食品加工业、纺织业碳排放强度均大致呈现逐年降低的趋势，能源利用效率日益改善。其中，电力、热力生产和供应业以及非金属矿物制品业变化效应最为显著，2005—2018年这两类产业的碳排放强度分别减少了5.41吨二氧化碳/万元与5.7吨二氧化碳/万元；前期这两类产业能源利用效率不足，单位GDP所产生的碳排放量相对较高。随着经济不断发展，这些产业技术水平改进取得成效，在现有技术水平的支持下能源资源的利用效率持续进步，单位GDP所产生的碳排放总量逐渐降低，带来的环境污染量逐渐减少。④黑色金属冶炼和压延加工业、农副食品加工业与纺织业的碳排放强度基数小，2018年这三类产业的碳排放强度分别仅为0.06吨二氧化碳/万元、0.12吨二氧化碳/万元与0.002吨二氧化碳/万元。黑色金属冶炼和压延加工业碳排放强度从2005年的3.14吨二氧化碳/万元下降至2018年的0.06吨二氧化碳/万元，说明该产业自身技术的成熟与节能减排技术的开发优化取得明显成效。农副食品加工业与纺织业属于轻工业，对能源需求量本身相对较少，加之近些年清洁能源利用也影响了化石能源的消耗，以及兵团轻工业技术的成熟，使得这两类产业的能源利用效率逐渐提高。

4.2.4.3　兵团高排放产业碳排放强度的整体静态特征

兵团高排放产业的碳排放强度2005—2018年大致呈现出波动的倒V形变化趋势（图4-6）。2005年兵团的碳排放强度为0.93吨二氧化碳/万元，新疆的碳排放强度为0.89吨二氧化碳/万元，全国碳排放强度的平均水平为0.76吨二氧化碳/万元；到2017年，兵团的碳排放强度增加为1.77吨二氧化碳/万元，而新疆的碳排放强度降至0.79吨二氧化碳/万元，全国碳排放强度的平均水平此时处于0.25吨二氧化碳/万元。这说明兵团的碳排放强度远远高于新疆以及全国的平均水平，其能源利用效率相对不足，还需加大对高排放产业的低碳化转型升级，降低兵团的碳排放强度。

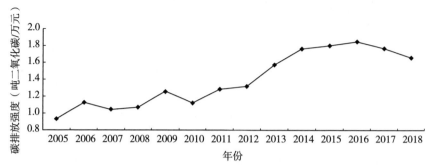

图 4 - 6 2005—2018 年兵团高排放产业碳排放强度

（数据来源：根据 2006—2019 年《兵团统计年鉴》相关数据计算整理而得）

4.2.4.4 兵团高排放产业碳排放强度的整体动态特征

2005—2018 年兵团高排放产业的碳排放强度变化大致可以分为三个阶段。第一阶段为 2005—2012 年的波动缓慢提高阶段，该阶段兵团碳排放强度在一个较小范围内起伏变化，有下降的走向；第二阶段是 2012—2016 年的快速增长阶段，兵团的碳排放强度在 2016 年达到最高值 1.84 吨二氧化碳/万元，该阶段也是兵团工业化快速发展阶段，消耗大量能源以发展工业经济；第三阶段为 2016 年之后的渐趋降低阶段，该阶段的碳排放强度得到控制，能源利用效率日益提升。而在 2005—2018 年，新疆与全国的碳排放强度均大致表现为逐年下降的发展趋势，说明兵团能源利用效率仍旧不足，单位 GDP 所产生的碳排放量相对较高。

4.2.5 兵团高排放产业碳排放的总体效率特征

碳排放效率即对主体产生碳足迹效率的一种量化方法，对于区域来说，一般以单位碳排放量带来的地区生产总值表示（孙建，2018）。碳排放效率越高，表明单位碳排放量带来的地区生产总值越高；反之，碳排放效率越低，则表明单位碳排放量带来的地区生产总值越低。对于高排放产业来说，由于缺乏相关数据，所以采用高排放产业的总产值来代表生产总值数据，用产值与碳排放的比例来表达碳排放效率（单译纬，2020）。对兵团高排放产业的碳排放效率的测算结果如表 4 - 6 所示，可以看出兵团各高排放产业的碳排放效率呈现"高差异，缓增加"的特征。2005—2018 年兵团高排放产业碳排放效率整体偏低，但近年有提高的趋势；各高排放产业的碳排放效率在产业间差异显著，出现两极分化的现象，个别产业碳排放效率极高，而个别产业碳排放效率偏低。碳排放效率高的产业，单位碳排放创造出的价值反而偏低，属于典型的"三高一低"产业；而碳排放效率低的产业，单位碳排放创造出的价值相对更加优良。

表 4 - 6　兵团高排放产业的碳排放效率

单位：万元/吨二氧化碳

年份	行业1	行业2	行业3	行业4	行业5	行业6	行业7	行业8	行业9	行业10
2005 年	0.07	6.70	0.04	0.16	1.81	0.32	1.38	3.82	0.27	0.38
2006 年	0.08	1.45	0.05	0.18	1.90	0.39	0.94	4.86	0.34	0.43
2007 年	0.08	10.48	0.05	0.23	1.40	0.77	1.05	7.73	0.53	1.95
2008 年	0.09	0.59	0.12	0.29	1.44	0.94	1.59	8.71	0.78	1.83
2009 年	0.09	0.52	0.08	0.30	1.48	0.90	2.48	7.53	1.16	6.64
2010 年	0.09	0.57	0.18	0.41	2.29	2.64	3.26	10.74	1.48	15.82
2011 年	0.12	0.50	0.11	0.47	1.76	10.84	4.02	13.75	1.03	1.98
2012 年	0.14	0.43	0.16	0.58	1.94	10.29	4.42	15.11	0.60	4.34
2013 年	0.13	0.35	0.06	0.71	1.03	8.85	6.22	14.58	0.36	1.75
2014 年	0.15	0.38	0.07	1.11	1.43	7.52	6.87	13.41	0.20	3.55
2015 年	0.13	0.29	0.07	2.06	1.38	5.21	7.80	15.13	0.18	3.42
2016 年	0.12	0.33	0.06	1.76	1.40	9.01	9.23	32.29	0.18	1.26
2017 年	0.12	0.39	0.07	1.74	1.30	6.71	10.07	104.87	0.26	1.35
2018 年	0.12	0.34	0.12	1.47	1.30	16.61	8.28	551.89	0.34	1.35

数据来源：根据 2006—2019 年《兵团统计年鉴》相关数据计算整理而得。

4.2.5.1　兵团高排放产业碳排放效率的强度特征

兵团高排放产业之间的碳排放效率表现出明显差异，碳排放效率出现两极分化特征，大致可以分为高、中、低三种水平。

（1）纺织业为兵团高排放产业中碳排放效率最高的产业，其碳排放效率逐年明显增加，在 2018 年有较大幅度提升并达到最高值 551.89 万元/吨二氧化碳，即每排放 1 吨二氧化碳可以创造 551.89 万元的产值。该产业为轻工业，本身碳排放总量偏低，加之兵团纺织业技艺成熟，故成为碳排放效率最高的产业，并"一骑绝尘"，显著高于其他高排放产业。

（2）化学原料及化学制品制造业、食品制造业、黑色金属冶炼和压延加工业、农副食品加工业及化学纤维制造业的碳排放效率处于中端水平，其碳排放效率最高可以达到 10.48 万元/吨二氧化碳、2.29 万元/吨二氧化碳、16.61 万元/吨二氧化碳、10.07 万元/吨二氧化碳与 15.82 万元/吨二氧化碳，碳排放效率仍然存在可优化空间。

（3）电力、热力生产和供应业，石油、煤炭及其他燃料加工业，非金属矿物制品业与煤炭开采和洗选业等典型重工业的碳排放效率处于偏低水平。这些产业大部分年份的碳排放效率数值不足 1.00 万元/吨二氧化碳。然而，部分高排放产业的碳排放量水平偏高，对于这类产业要重点把控，通过技术改进、节能环保等举措，逐步提高碳排放利用效率，以期在减少碳排放的基础上创造更多的价值。

4.2.5.2 兵团高排放产业碳排放效率的变化趋势特征

2005—2018 年兵团各高排放产业碳排放效率变化趋势略有差异，但大致呈现趋增的变化态势，兵团高排放产业整体碳排放效率逐渐提高。

（1）电力、热力生产和供应业与纺织业碳排放效率逐年增加，其中以纺织业碳排放效率的增加最为显著。纺织业 2018 年碳排放效率比 2005 年增加 548.07 万元/吨二氧化碳，电力、热力生产和供应业仅相对增加 0.05 万元/吨二氧化碳。作为碳排放量最高的产业，电力、热力生产和供应业需要重点提升碳排放效率，在保持碳排放量水平的同时创造更高的产值，力争实现高收益。

（2）石油、煤炭及其他燃料加工业，黑色金属冶炼和压延加工业，以及煤炭开采和洗选业的碳排放效率均大致呈现 N 形波动。以黑色金属冶炼和压延加工业的碳排放效率提升最为显著，该产业 2018 年的碳排放效率比 2005 年的碳排放效率增加 16.29 万元/吨二氧化碳，而其他两类产业只是略有增幅。

（3）非金属矿物制品业与农副食品加工业的碳排放效率均先增后降，不过相对于 2005 年，2018 年的碳排放效率都有较高增幅，分别提高 1.31 万元/吨二氧化碳与 6.9 万元/吨二氧化碳。化学纤维制造业的碳排放效率比较不稳定，多年来变化幅度较大，相对于高值来说目前该产业碳排放效率处于下降状态。

（4）兵团高排放产业中仅有化学原料及化学制品制造业、食品制造业 2018 年的碳排放效率相对于 2005 年来说有所减少。化学原料及化学制品制造业在前几年碳排放效率均保持一个较高水平，2008 年开始该产业碳排放效率逐渐波动降低，至 2018 年仅达到 0.34 万元/吨二氧化碳；食品制造业同样呈现出先增后降的变化态势，2018 年的碳排放效率相对于 2005 来说减少 0.51 万元/吨二氧化碳。

总的来说，兵团高排放产业在当前背景下，急需优化产业结构，降低化石能源消耗比例，既在降低碳排放总量的前提下稳步提高各产业的经济效益，也在提高经济效益的前提下稳步减少二氧化碳排放，摆脱产业结构"三高一低"的标签，切实改善兵团生态环境质量，实现兵团绿色低碳与高质量发展。

4.3　兵团高排放产业碳排放的师域特征分析

本书研究的核心内容是兵团高排放产业碳排放，如果只测度兵团高排放产业碳排放总量、增速、占比、强度、效率等总体特征，只能反映出兵团总体层面在总量、结构和规模上比较笼统的特点及强弱程度。考虑到兵团 14 个师在新疆广阔空间内的分布不集中连片、较为松散，各师资源禀赋、工业基础、产业结构、资源能源利用、比较优势各不相同，各师高排放产业的碳排放水平、碳排放强度与兵团整体相比也存在各自的差异性特点。所以通过对兵团师域层面的高排放产业碳排放水平及碳排放强度进行测度，一方面可以更全面、更深入地考察兵团高排放产业碳排放水平、强度、特征及分布，另一方面能弥补只从兵团总体研究过于宏观、针对性弱的不足，从而赋予兵团高排放产业碳排放研究以更强的实践性和政策指向性。以下内容主要是根据数据结果从兵团高排放产业碳排放规模、增速、占比、强度 4 个层面对兵团高排放产业碳排放展开师域特征分析。

4.3.1　兵团高排放产业碳排放的师域规模特征

从前文"4.2.1　兵团高排放产业碳排放的总量特征"测算的碳排放总量特征可知，2005—2018 年兵团高排放产业碳排放总量呈逐年增长态势，但兵团各师高排放产业碳排放量呈现不同的变化趋势，并且碳排放量有所差异，整体呈现"北高南低"的空间格局，具体排序为：八师、六师、十三师、七师、四师、一师、三师、五师、二师、十师、十二师、九师、十一师、十四师。数据测算结果见表 4-7，具体分析如下。

4.3.1.1　兵团高排放产业碳排放均值的师域规模特征

2005—2018 年兵团整体碳排放量始终保持增长态势，这种增加效应在依赖工业经济发展的兵团各师尤其显著，且兵团各师碳排放量具有明显差异（图 4-7）。兵团六师、八师与十三师是碳排放量居高的师域，也是工业发展程度良好的师域，14 年来碳排放量均值分别高达 413.94 万吨、787.08 万吨与 346.24 万吨，数值差异显著；一师、四师与七师的碳排放量同样相对较高，碳排放量均值分别为 99.54 万吨、100.56 万吨与 116.29 万吨，在兵团各师中处于中等水平；二师、三师、五师、九师、十师、十一师、十二师与十四师的碳排放量偏少，其中十四师的碳排放量均值仅为 0.035 万吨。

表4-7 2005—2018年兵团各师高排放产业的碳排放量

单位：万吨

年份	一师	二师	三师	四师	五师	六师	七师	八师	九师	十师	十一师	十二师	十三师	十四师
2005年	25.28	4.66	0.69	32.64	12.27	36.19	31.60	141.30	9.51	0.62	0.12	1.03	4.38	
2006年	40.79	3.92	0.77	41.98	11.47	47.03	35.08	214.16	9.48	5.64	0.36	0.94	4.74	
2007年	43.50	7.86	1.07	37.77	11.86	71.04	41.16	215.42	10.44	6.17	0.44	0.99	4.17	
2008年	58.39	6.83	1.26	41.36	14.49	63.69	46.18	294.61	9.75	6.70	0.48	3.24	4.41	0.08
2009年	87.69	9.69	1.96	45.01	13.91	68.99	82.78	411.94	5.33	9.88	0.57	4.34	18.09	0.06
2010年	109.71	15.73	7.46	61.55	16.63	64.73	100.55	418.75	7.14	11.13	0.50	6.98	37.43	0.07
2011年	113.04	18.17	21.08	64.98	16.53	248.84	92.76	588.12	7.85	6.33	0.85	9.53	44.95	0.02
2012年	131.42	17.40	29.26	55.74	17.11	466.20	151.65	595.62	9.33	5.31	0.56	17.75	79.06	
2013年	128.49	16.24	31.68	151.31	17.65	655.76	177.84	762.23	8.25	5.83	0.47	16.37	384.48	0.15
2014年	135.99	16.23	36.45	140.04	22.03	697.25	168.25	945.96	10.50	5.54	0.30	17.81	869.04	0.03
2015年	107.86	9.93	35.35	116.25	16.06	713.91	161.72	1 508.14	10.83	5.88	0.45	18.79	777.53	0.03
2016年	103.16	22.74	37.02	178.31	17.01	829.59	167.10	1 504.51	10.91	5.42	0.44	18.82	1 048.90	0.01
2017年	120.47	40.06	31.44	222.04	60.15	889.68	146.16	1 661.57	11.87	29.81	0.30	15.25	905.47	0.02
2018年	117.75	38.03	73.47	218.83	55.32	942.29	225.22	1 756.85	17.76	46.34	0.02	12.77	664.65	0.03
末期与基期差值	92.47	33.37	72.78	186.19	43.05	906.10	193.62	1 615.55	8.25	45.72	-0.10	11.74	660.27	-0.05

数据来源：根据 2006—2019 年《兵团统计年鉴》相关数据整理而得。

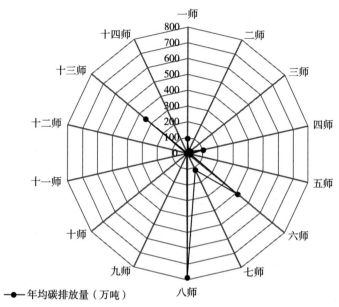

图 4 - 7　2005—2018 年兵团各师高排放产业的年均碳排放量

（数据来源：根据 2006—2019 年《兵团统计年鉴》相关数据计算整理而得）

4.3.1.2　兵团高排放产业碳排放的师域变化幅度特征

与高排放产业变化幅度类似，兵团各师碳排放量变化幅度与碳排放量仍呈正相关关系，碳排放量高的师变化幅度最为明显，碳排放量低的师碳排放量变化幅度微弱甚至出现负增长。其中增加幅度最为显著的是八师，2005—2018年碳排放量增加了 1 615.55 万吨。八师石河子市是典型的工业化城市，经济高度依赖于重工业企业的发展，"三高"产业不断扩张规模，绿色技术创新发展能力有限，能源高需求与低效能源利用并存，导致碳排放量大幅度增加。十一师与十四师 2005—2018 年部分年份碳排放量下降，主要源于自身碳排放量的基数小，以第一产业为主的产业结构始终稳定，碳排放量波动微弱，同时为响应兵团低碳发展战略及政策，逐步降低碳排放量的规模及强度。

4.3.1.3　兵团高排放产业碳排放的师域变化趋势特征

从兵团各师碳排放变化趋势来看，2005—2018 年兵团各师碳排放量均呈现出波动上升的趋势，碳排放量高的师"高波动"，碳排放量低的师"微变化"，下面进行具体分析（表 4 - 8）。

（1）八师、六师与十三师为"高碳"师。八师碳排放量整体呈现逐年曲线

表 4 - 8　2006—2018 年兵团各师高排放产业碳排放的增速（%）

年份	一师	二师	三师	四师	五师	六师	七师	八师	九师	十师	十一师	十二师	十三师	十四师
2006 年	61.37	-15.85	11.73	28.61	-6.47	29.95	11.01	51.56	-0.34	815.11	195.66	-8.06	8.25	
2007 年	6.64	100.33	38.94	-10.02	3.41	51.05	17.32	0.59	10.10	9.46	21.83	5.32	-12.11	
2008 年	34.23	-13.10	17.94	9.51	22.17	-10.35	12.21	36.76	-6.60	8.58	7.89	225.89	5.82	
2009 年	50.19	41.89	55.61	8.82	-4.01	8.32	79.24	39.82	-45.32	47.41	19.96	33.91	310.14	-20.77
2010 年	25.11	62.31	280.60	36.76	19.53	-6.17	21.47	1.65	33.99	12.59	-12.48	60.96	106.91	20.10
2011 年	3.03	15.53	182.79	5.56	-0.59	284.41	-7.75	40.44	9.94	-43.11	70.06	36.49	20.09	-75.16
2012 年	16.26	-4.26	38.79	-14.21	3.50	87.35	63.49	1.28	18.81	-16.13	-33.67	86.28	75.89	
2013 年	-2.23	-6.66	8.26	171.44	3.13	40.66	17.27	27.97	-11.57	9.89	-17.42	-7.78	386.35	
2014 年	5.84	-0.06	15.05	-7.44	24.82	6.33	-5.40	24.10	27.28	-4.96	-35.13	8.78	126.03	-81.92
2015 年	-20.69	-38.79	-3.00	-16.99	-27.10	2.39	-3.88	59.43	3.16	6.12	50.35	5.55	-10.53	15.63
2016 年	-4.36	128.90	4.71	53.38	5.97	16.20	3.33	-0.24	0.72	-7.95	-2.97	0.14	34.90	-68.15
2017 年	16.79	76.19	-15.07	24.53	253.54	7.24	-12.53	10.44	8.76	450.36	-31.24	-19.00	-13.67	68.90
2018 年	-2.26	-5.05	133.69	-1.45	-8.03	5.91	54.09	5.73	49.65	55.47	-92.13	-16.27	-26.60	105.59

数据来源：根据"表 4 - 3　2006—2018 年兵团高排放产业碳排放增速"数据计算而得。

上升趋势；六师碳排放量同样在 2005—2018 年平稳上升，上升幅度略小于八师；十三师的碳排放量呈现 M 形变化态势，2012 年碳排放量剧增，2016 年之后碳排放量开始逐年下降。六师与八师是显著的工业型城市，重视发展工业经济，重工业的发展带动了两地的经济增长，但经济粗放增长与能源低效利用容易引致高碳污染物的排放。近年来两地由于生态文明建设的推进，环境污染治理对碳排放量形成约束，然而工业高速发展的惯性使得其对高碳化发展路径产生依赖。十三师碳排放量的增加源于对第二产业的高依赖性，2014 年十三师第二产业对经济的贡献率高达 80.9%，当地工业的迅猛发展致使碳排放量在后期急速增加。

（2）一师、四师与七师的碳排放量居于中等水平，变化趋势明显不稳定，大致呈现 N 形变化态势。一师碳排放量变化起伏较小、相对扁平，四师碳排放量在 2013 年、2017 年有显著增加，七师碳排放量在 2018 年出现显著增加。

（3）二师、三师、五师、九师、十师、十一师、十二师与十四师为"低碳"师，整体碳排放量存在波动增加的趋势，但碳排放量基数相对偏低。其中，十一师与十四师的碳排放量始终稳定在一个较低水平，对排放污染产生较小影响。"低碳"师由于地理位置、自然环境、经济发展等多重因素影响，区域生产生活主要依赖于农业进步，工业影响作用较弱，不存在化石能源消耗量过高的困境，故碳排放量偏少。

4.3.2　兵团高排放产业碳排放的师域增速特征

兵团高排放产业整体碳排放量始终趋于增加，碳排放增速显著放缓并逐渐趋近负增长，减排效用突出，这与兵团各师的减排努力息息相关。兵团碳排放总量基数较大，尽管其碳排放增速相对下降，但其碳排放总量仍逐年递增，温室气体排放产生的环境污染问题较为严峻。对兵团 14 个师的碳排放增速计算结果如表 4-8 所示，兵团各师高排放产业碳排放的年均增长率呈现区域性差异，各师碳排放增长率均波动变化，大致表现为碳排放增速逐渐放缓的趋势，多个师出现负增长，减排效果取得一定成效，具体分析如下。

（1）兵团各师碳排放年均增长率有明显差异，主要表现为"北高南低"，三师碳排放增长率相对特殊。各师碳排放年均增长率的排序依次为：十三师、三师、十师、六师、十二师、八师、二师、七师、四师、五师、一师、九师、十四师、十一师。其中十一师与十四师是仅有的年均增长率为负的师域，年均增长率分别为－11.83％与－7.82％。

（2）兵团各师2005—2018年碳排放增长率"强波动"，大致表现出由高增长转变为低增长直至负增长的态势，增长速度趋于放缓，师域间高排放产业碳排放变化趋势存在显著差异。其中，三师、十师以及十三师为碳排放年均增长率排名前三并超过30％的师域，其碳排放年增长率起伏波动比较显著，碳排放量变化差异显著，表明这三个师高排放产业碳排放的调控成效有限。一师、七师、八师以及九师2006—2018年各年增长率相对平稳，增长率变化趋势存在差异，一师整体碳排放出现好转，七师碳排放好转现象不显著，九师的碳排放仍然呈现增加态势。同时，六师与八师作为典型的工业型城市，工业绿色清洁技术发展需要一定时间的过渡期，能源消耗总量的降低存在时间滞后效应，碳减排需要长时间调控，碳排放量的边际下降存在一定难度。对于年均增长率为负的十一师与十四师，十一师2006年碳排放量急剧增长，后出现断崖式下跌，此后多年呈现负增长状态，为兵团的碳排放增速减缓做出贡献；而十四师碳排放量基数过小，2018年碳排放增长率高达105.59％，但是2018年的碳排放量相对于2008年的0.076万吨排放量来说偏少，十四师较小的碳排放基数对兵团整体碳排放的实际影响效应非常有限（图4-8）。

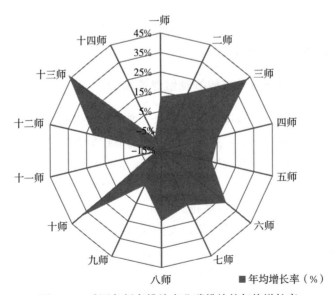

图4-8 兵团各师高排放产业碳排放的年均增长率

（数据来源：根据"表4-8 2006—2018年兵团各师高排放产业碳排放的增速"数据计算而得）

4.3.3　兵团高排放产业碳排放的师域占比特征

上文对兵团 14 个师高排放产业的碳排放量以及增速进行分析，探察了碳排放量的规模以及增速变化趋势。在前文碳排放量数据测算的基础上，下面对兵团 14 个师高排放产业碳排放量的占比特征进行定量分析。

回顾 "4.2.3　兵团高排放产业碳排放的总体占比特征" 中 "兵团碳排放量占新疆碳排放量的比例特征" 中的数据，并综合对比表 4 - 9 的测算结果，从 2005—2018 年兵团高排放产业碳排放占比以及各师高排放产业碳排放占比的整体特征来看，无论是兵团高排放产业碳排放占新疆高排放产业碳排放的比例，还是各师高排放产业碳排放占兵团高排放产业碳排放的比例，两者大体都有放缓的趋势，污染排放情况都有所好转，且兵团各师高排放产业碳排放的占比特征表现出明显的区域特征。

从各师高排放产业碳排放量占兵团高排放产业碳排放量的比例特征来看，2005—2018 年兵团高排放产业碳排放的师域占比差距显著，整体占比趋势表现为逐年减少的发展变化特点（表 4 - 9）。具体来看：①"高碳"师的碳排放量占据较高比例，碳排放量占比存在下降趋势，碳排放量基数与占比的变化并不相同。八师为碳排放量占比最高的师，大致表现为先增后减再增的变化趋势，八师碳排放量占据兵团碳排放量的一半左右，是兵团碳排放量的主要来源。六师与十三师碳排放量同样占据较高比例，整体先增再减，近几年占比有所缓解，但六师与十三师 2018 年碳排放量占比仍然远高于 2005 年，且十三师碳排放量增量更加明显。②兵团各师碳排放量两极分化严重，"低碳"师碳排放量的占比较低，并且变化幅度不明显，占比趋于逐年降低。十一师与十四师是碳排放量占比最低的师，碳排放水平极低，对兵团碳排放水平影响并不突出。十一师碳排放占比表现为倒 V 形变化趋势，2018 年十一师碳排放量仅占兵团碳排放量的 0.001%；十四师碳排放始终处于极低的水平，变化趋势逐年下降，2018 年稍有增加但其碳排放量仅占兵团碳排放量的 0.000 8%。

4.3.4　兵团高排放产业碳排放的师域强度特征

上文对兵团 14 个师高排放产业的碳排放总量、增速以及占比特征进行分析，得到碳排放量的相关变化趋势；根据前文的碳排放量数据，下面将对兵团 14 个师高排放产业碳排放的强度特征进行师域层面的量化测度。

从兵团以及各师高排放产业整体碳排放强度特征看，兵团高排放产业碳排

表 4 – 9 2005—2018 年兵团各师高排放产业碳排放量占兵团碳排放总量的比例（%）

年份	一师	二师	三师	四师	五师	六师	七师	八师	九师	十师	十一师	十二师	十三师	十四师
2005 年	8.18	1.51	0.22	10.56	3.97	11.71	10.22	45.70	3.08	0.20	0.04	0.33	1.42	
2006 年	9.62	0.93	0.18	9.90	2.71	11.10	8.28	50.53	2.24	1.33	0.09	0.22	1.12	
2007 年	9.44	1.71	0.23	8.20	2.58	15.42	8.93	46.76	2.27	1.34	0.10	0.22	0.90	
2008 年	10.41	1.22	0.22	7.38	2.58	11.36	8.24	52.55	1.74	1.20	0.08	0.58	0.79	0.013 5
2009 年	11.39	1.26	0.25	5.85	1.81	8.96	10.76	53.53	0.69	1.28	0.07	0.56	2.35	0.007 8
2010 年	12.68	1.82	0.86	7.11	1.92	7.48	11.62	48.40	0.83	1.29	0.06	0.81	4.33	0.008 3
2011 年	9.12	1.47	1.70	5.24	1.33	20.07	7.48	47.43	0.63	0.51	0.07	0.77	3.62	0.001 4
2012 年	8.33	1.10	1.85	3.53	1.08	29.55	9.61	37.75	0.59	0.34	0.04	1.12	5.01	
2013 年	5.45	0.69	1.34	6.42	0.75	27.81	7.54	32.33	0.35	0.25	0.02	0.69	16.31	0.006 1
2014 年	4.44	0.53	1.19	4.57	0.72	22.74	5.49	30.85	0.34	0.18	0.01	0.58	28.34	0.000 9
2015 年	3.10	0.29	1.01	3.34	0.46	20.50	4.64	43.30	0.31	0.17	0.01	0.54	22.32	0.000 9
2016 年	2.62	0.58	0.94	4.52	0.43	21.03	4.24	38.14	0.28	0.14	0.01	0.48	26.59	0.000 2
2017 年	2.91	0.97	0.76	5.37	1.45	21.52	3.53	40.19	0.29	0.72	0.01	0.37	21.90	0.000 4
2018 年	2.82	0.91	1.76	5.25	1.33	22.60	5.40	42.13	0.43	1.11	0.001	0.31	15.94	0.000 8

数据来源：根据相关数据计算而得。

放强度在渐增之后有好转趋向，但是其值远远高于新疆乃至全国高排放产业的碳排放强度。兵团各师高排放产业的碳排放强度在空间与时间上均存在显著差异，个别区域拉高了兵团高排放产业整体的碳排放强度。兵团高排放产业的碳排放强度较高，兵团提升能源利用效率、实现碳减排和保护环境的任务仍然任重道远。因而，对于兵团高排放产业低碳发展而言，应重视提高能源资源的使用效率，并通过技术改进、节能环保等举措实现兵团低碳经济的发展和环境质量的改善。对兵团 14 个师高排放产业碳排放强度的计算结果如表 4 - 10 所示，下面进行具体分析。

4.3.4.1　兵团高排放产业碳排放强度的师域静态特征

兵团各师的碳排放强度在空间层面差异显著，呈现"北高南低"的空间分布特征，碳排放强度与碳排放量大致表现为同向特征，碳排放量高的区域一般碳排放强度也较高。主要原因在于：碳排放量高的师重点发展高污染、高排放的重工业，重工业企业偏好粗放型发展模式，清洁生产技术优化进程缓慢。一方面，兵团由于地理位置与经济原因缺乏相关技术人才；另一方面，重工业企业技术创新存在瓶颈，可进步空间仍处于不断探索阶段，工业产业的节能减排技术亟须得到开发与优化，导致能源资源利用效率低下；另外，由于企业自身忽视环境问题的严重性，在增加产品产出的同时仍然采用粗放型发展模式，导致其碳排放强度居高不下，加剧了兵团区域生态环境面临的压力。

4.3.4.2　兵团高排放产业碳排放强度的师域动态特征

兵团各师高排放产业的碳排放强度在时间层面差异显著。2005—2018 年兵团各师高排放产业碳排放强度高的师域，其变化趋势整体趋于先上升后下降；对于碳排放强度偏低的师域，其变化趋势大致表现为波动降低。下面进行具体分析。

（1）对于高碳排放强度的区域来说，六师与八师是碳排放强度最高的师域。六师与八师的碳排放强度同时呈现波动倒 V 形变化趋势，转折点分别出现在 2013 年与 2015 年，此时六师与八师碳排放强度均达到顶峰，分别为 3.55 吨二氧化碳/万元与 3.63 吨二氧化碳/万元；之后碳排放强度逐年降低，六师与八师的碳排放强度均高于兵团整体的碳排放强度。六师与八师作为典型工业型城市，工业化发展效率有待提高，在生态文明建设背景下六师与八师通过技术改进、节能环保等举措逐步提高能源利用效率，单位 GDP 所产生的碳排放总量逐渐减少，但距离低碳经济发展要求和环境质量良好改善仍有一定距离。

（2）十三师碳排放强度变化最为显著。十三师 2005 年以来的碳排放强度

表 4 - 10 2005—2018 年兵团各师高排放产业碳排放强度

单位：吨二氧化碳/万元

年份	一师	二师	三师	四师	五师	六师	七师	八师	九师	十师	十一师	十二师	十三师	十四师
2005 年	0.64	0.18	0.04	1.38	1.03	1.07	1.04	1.89	1.26	0.08	0.02	0.14	0.54	
2006 年	0.90	0.14	0.04	1.54	0.87	1.20	1.03	2.48	1.09	0.60	0.04	0.11	0.50	
2007 年	0.77	0.24	0.05	1.20	0.77	1.51	1.16	2.11	1.06	0.59	0.04	0.11	0.34	
2008 年	0.91	0.19	0.05	1.10	0.84	1.06	1.05	2.42	0.95	0.54	0.03	0.22	0.30	0.023
2009 年	1.12	0.23	0.07	1.00	0.70	0.94	1.65	2.88	0.46	0.70	0.03	0.23	1.07	0.016
2010 年	1.05	0.31	0.19	1.13	0.60	0.66	1.56	2.22	0.51	0.65	0.02	0.30	1.72	0.015
2011 年	0.84	0.30	0.45	0.96	0.49	1.94	1.23	2.50	0.44	0.29	0.03	0.25	1.58	0.003
2012 年	0.81	0.23	0.50	0.64	0.41	2.98	1.60	2.16	0.46	0.18	0.01	0.35	1.98	
2013 年	0.64	0.17	0.41	1.40	0.34	3.55	1.71	2.30	0.33	0.16	0.01	0.16	6.41	0.011
2014 年	0.60	0.15	0.41	1.11	0.39	3.40	1.43	2.49	0.35	0.13	0.04	0.14	10.86	0.002
2015 年	0.43	0.09	0.36	0.80	0.25	3.10	1.23	3.63	0.35	0.11	0.01	0.12	9.12	0.002
2016 年	0.37	0.18	0.34	1.13	0.29	3.22	1.14	3.30	0.34	0.09	0.04	0.11	10.48	0.000 6
2017 年	0.40	0.29	0.26	1.26	1.03	3.28	0.91	3.29	0.33	0.41	0.03	0.08	7.78	0.000 8
2018 年	0.38	0.25	0.57	1.16	0.87	3.21	1.22	3.27	0.48	0.61	0.000 2	0.06	5.57	0.001

数据来源：根据 2006—2019 年《兵团统计年鉴》相关数据计算整理而得。

并不高，逐年增加但是增速相对稳定，而自 2013 年开始十三师碳排放强度开始急剧增加，在 2014 年达到最高值 10.86 吨二氧化碳/万元，远远高于六师与八师。原因在于十三师从 2013 年起其碳排放量剧增，但是其 GDP 增速远未达到碳排放量增速，导致单位 GDP 碳排放较高。

（3）十一师与十四师是兵团碳排放强度最低的师域。十一师碳排放强度先增加后降低，到 2018 年其碳排放强度仅为 0.000 2 吨二氧化碳/万元；而十四师碳排放强度表现为比较扁平的 W 形变化，在 2013 年以及 2017 年之后有所增加，其碳排放强度最低时仅为 0.000 6 吨二氧化碳/万元，与其他师碳排放强度有显著差距。

4.4　本章小结

本章重点描述了兵团高排放产业及兵团 14 个师的碳排放情况，从碳排放总量、增速状况、占比现状、排放强度等方面对兵团碳排放特征进行描述，为后文中兵团高排放产业碳排放的影响因素及低碳发展路径的相关研究奠定了坚实的实践基础。

4.4.1　兵团高排放产业总体碳排放的主要结论

（1）2005—2018 年兵团高排放产业的碳排放量基本表现为"小幅波动，大幅增长"特征。碳排放量最高的产业大致呈现出逐年增加的变化趋势，其余高排放产业大都表现出先增后降的变化趋势；且兵团各高排放产业的碳排放量表现出两极分化特点，电力、热力生产和供应业的年均碳排放量最高，黑色金属冶炼和压延加工业的年均碳排放量最低，两者相差 806.03 万吨。

（2）2005—2018 年兵团大部分高排放产业碳排放量增长率逐渐由正转负或者逐渐降低，说明高排放产业碳排放量在减少，表现出好转的态势。除此之外，兵团各高排放产业碳排放年均增长率有显著差异，碳排放量高的产业年均增长率也偏高，除纺织业外其余高排放产业的碳排放量年均增长率均为正。

（3）2005—2018 年兵团各类高排放产业碳排放量占工业碳排放总量的比例表现出"微波动，趋降低"的变化特征，并且这种变化特征在碳排放量占比较低的产业表现得更为明显。

（4）2005—2018 年兵团各高排放产业碳排放强度呈现"高差异，缓降低"变化态势，兵团各高排放产业的碳排放强度变化趋势略有差异，但大致呈现趋于降低的变化态势，表明兵团高排放产业整体能源资源利用效率在逐渐提高。

（5）2005—2018 年兵团各高排放产业碳排放效率变化表现为"高差异，缓增加"，高排放产业碳排放效率整体偏低；但是近年来碳排放效率有提升的趋势，整体碳排放效率有所进步；且兵团高排放产业的碳排放效率在产业间差异显著，碳排放高的产业单位碳排放创造出的价值反而偏低，而碳排放低的产业单位碳排放创造出的价值相对优良。

4.4.2　兵团各师高排放产业碳排放的主要结论

（1）2005—2018 年兵团高排放产业整体碳排放量始终保持增加趋势，这种增加效应在依赖工业经济发展的师尤其显著。各师高排放产业碳排放量具有明显差异，各师高排放产业碳排放量均呈现出波动上升的趋势，碳排放量高的兵团各师"高波动"，碳排放量低的师"微变化"。

（2）2005—2018 年兵团高排放产业整体碳排放量始终保持增加态势，多年来高排放产业的碳排放增长率表现出"稳下降，强波动"的特征，同时呈现出双 M 形的波动变化趋势；兵团各师高排放产业碳排放增长率则出现"强波动"，大致表现出由高增长转变为低增长直至负增长的态势，增长速度趋于放缓，师域间高排放产业碳排放变化趋势存在显著差异。

（3）2005—2018 年兵团碳排放量在新疆碳排放量中均占据重要部分，兵团各师碳排放量占比差距显著，整体占比趋势表现为逐年减少的发展变化特点。

（4）2005—2018 年兵团碳排放强度大致呈现出波动的倒 V 形变化趋势，兵团各师的碳排放强度在空间层面差异显著，呈现"北高南低"的空间分布特征。碳排放强度高的师，其变化趋势大致趋于先升后降；碳排放强度偏低的师，其变化趋势大致表现为波动降低。

4.4.3　兵团各师高排放产业碳排放排序的主要结论

从碳排放总量、增长率、占比、排放强度 4 个方面对兵团各师高排放产业碳排放特征展开探查，主要有以下结论。

（1）从兵团各师高排放产业的总体碳排放量特征来看，2005—2018 年兵团整体碳排放量逐年增长并呈现"北高南低"的空间格局，兵团各师碳排放总量排序为：八师、六师、十三师、七师、四师、一师、三师、五师、二师、十师、十二师、九师、十一师、十四师。

（2）兵团各师高排放产业碳排放增长率在空间区域上主要表现为"北高南低"，各师碳排放增长率的排序为：十三师、三师、十师、六师、十二师、八师、二师、七师、四师、五师、一师、九师、十四师、十一师。

（3）兵团各师高排放产业碳排放量占兵团碳排放总量比例的排序为：八师、六师、十三师、七师、四师、一师、三师、五师、十师、二师、九师、十二师、十一师、十四师。

（4）兵团各师高排放产业碳排放强度的排序为：十三师、八师、六师、七师、四师、五师、十师、三师、九师、一师、二师、十二师、十四师、十一师。

第5章 兵团高排放产业碳排放的
多重效应测度 /////////////////////////////

在识别并测算兵团高排放产业碳排放量的基础上，本章既从空间角度探究兵团高排放产业碳排放动态变化，也从理论和实证层面验证兵团高排放产业碳排放量与经济增长、能源消耗和产业结构变量之间的逻辑关系，为进一步探究兵团高排放产业碳排放的影响因素作铺垫。首先，对兵团高排放产业碳排放效应进行分类，包括外溢效应、碳足迹效应、脱钩效应和因果关联效应；其次，通过空间计量模型和碳足迹探查兵团高排放产业碳排放的时空变化；最后，采用碳排放脱钩模型和格兰杰因果关系检验对兵团高排放产业碳排放的影响因素进行初步识别分析。

5.1 兵团高排放产业碳排放效应分类

在碳减排的背景下，准确把握区域碳排放转移的空间特征，明确其经济效应是引导区域碳排放合理转移的基础；与此同时，定量识别影响碳排放的因素、量化关键因子的作用机理，将有助于制定切实可行的减排措施。基于此，首先从空间角度看，相邻区域之间不可避免地存在着地理空间效应，且兵团高排放产业主要消耗化石燃料，地区间资源、信息的流动和交换会加快高排放产业碳排放的时空变化（刘佳骏等，2015；彭文甫等，2016）；其次从经济发展看，兵团经济增长主要依靠富集能源资源的消耗，这种粗放型的发展方式不仅会带来诸多环境问题，也关乎居民的生活健康，因此协调好能源消耗碳排放与经济发展的关系显得尤为重要（刘慧，2015；兰建，2016）；最后从影响因素看，探讨兵团高排放产业碳排放量与能源消耗和产业结构变量之间的关系，对科学制定兵团碳减排政策、发展低碳经济具有重要意义（王士轩等，2015；原嫄等，2020）。综上所述，可将碳排放效应具体分为外溢效应、碳足迹效应、脱钩效应和因果关联效应。

5.1.1　外溢效应

碳排放具有很强的时空属性，区域内的能源消耗、产业结构和经济发展等因素，以及区域间的贸易结构、分工合作和技术溢出等因素都会影响区域碳排放总量（刘佳骏等，2015）。学者在对碳排放的外溢效应进行研究时，主要从投入产出模型和空间计量模型两个角度出发；随着空间计量经济学的不断发展，越来越多的学者选择空间计量经济模型来研究碳排放的外溢效应（王少剑等，2019；孙立成等，2014）。

长期以来，兵团部分产业发展严重依赖高污染、高能耗、高排放的"高碳"发展模式。2005—2018 年，新疆和兵团规模以上工业企业能源消耗量分别从 6 023.64 万吨标准煤和 396.81 万吨标准煤上升至 12 951.96 万吨标准煤和 5 297.21 万吨标准煤，年均增长率分别为 6.07％和 22.06％，工业万元 GDP 碳排放量年均增长率分别为－3.93％和 3.40％①。由此可见，兵团工业企业能源消耗量及工业万元 GDP 碳排放量年均增长率远远高于新疆水平。兵团长期以来形成的这种以能源、原材料为主的经济结构，导致兵团产业结构失衡、能源消耗较大、可持续发展能力不强。与此同时，由于兵团在新疆地理空间分布得较为分散，本地的碳排放行为可能会对其他区域碳排放产生外部性影响，即兵团高排放产业碳排放水平可能会影响相邻地区的碳排放水平。

基于以上分析，为实现兵团"两低、两高"的新型工业化和经济跨越式发展，兵团需要基于其所在新疆地（州、市）碳排放空间实际情况，协调兵团经济发展与企业能源消耗之间的关系。

5.1.2　碳足迹效应

全球化加速、科技进步给整个人类社会带来丰富物质成果的同时，人类活动对气候系统也产生明确的影响。碳足迹是衡量人类活动对环境影响和压力的一种普遍被认可的温室气体排放评价方法（周杰民等，2015）。国内外学者采用不同的方法对国家层面、省域层面和市域层面的碳足迹、人均碳足迹和碳足迹产值等方面展开了深入研究（潘竟虎等，2021；郭运功等，2010）。

---

①　工业能源消耗量及年均增长率根据 2006—2019 年《中国统计年鉴》《新疆统计年鉴》《兵团统计年鉴》数据计算而得。

随着兵团新型工业化、新型城镇化、农业现代化、服务业现代化、基础设施现代化等建设步伐的加快，出现了兵团经济发展与能源资源消耗问题。兵团经济的快速发展，更多依赖于高污染、高能耗、高排放的"高碳"发展模式。2018 年兵团高排放产业消耗煤炭、石油和天然气能源量占其能源消耗总量的 56.38%，由此可见，目前兵团高排放产业能源利用结构仍以煤炭、石油和天然气为主，这与哥本哈根世界气候大会所提出的"世界向低碳经济转型"的大趋势相悖。这种发展模式会导致生态环境恶化、环境污染加重、资源利用率下降、生产成本日益增高、边际产出率降低等问题凸显，严重制约兵团社会经济的可持续发展。用碳足迹衡量人类活动对环境的影响，确定碳足迹是减少碳排放行为的第一步，能为个体、组织或产品改善减排状况设定基准线；基于此，在碳减排的背景下，探究兵团高排放产业碳排放足迹及其循环的规律、机理，将有助于兵团制定切实可行的减排政策。

5.1.3 脱钩效应

碳排放脱钩是经济增长与碳排放之间关系不断弱化乃至消失的理想化过程，即在实现经济增长的同时，碳排放量增速为负或者小于经济增速可视为脱钩，其实质是度量经济增长是否以资源消耗和环境破坏为代价（陈伟，2019）。碳排放脱钩情况实质就是碳排放的经济增长弹性情况，弹性是衡量各地区低碳状况的主要工具。目前被广泛使用的脱钩状态测度方法主要有三种，分别是OECD 提出的脱钩因子法（OECD，2002）、Tapio 提出的脱钩弹性系数法（孙叶飞等，2017）和基于 IPAT 方程的脱钩评价法。

资源禀赋优势促使兵团的经济发展主要依靠富集能源资源的消耗，但这种粗放型发展方式却日益制约着兵团的经济发展，导致兵团的经济发展是既不健康也不可持续的发展。兵团作为新疆的重要组成部分，长期以来受煤炭资源比较优势的影响，兵团产业能源消耗结构较为固定，兵团工业能源消耗量呈现逐年上升趋势；2018 年兵团高排放产业综合能源消耗量高达 2 438.23 万吨，比2015 年增长 14.46%，由此带来的碳排放总量高达 3 658.86 万吨。在兵团社会经济发展的同时，面临着经济增长与减少碳排放的双重压力。深入研究兵团经济增长与碳排放的脱钩关系，对于兵团在保持社会经济持续快速发展的同时实现碳排放的减速增长，发展低碳经济具有重要的意义。

5.1.4　因果关联效应

促进碳排放增加的多种因素与人类活动直接相关，因此关于城镇化、产业结构、经济增长、能源消耗等影响因素与碳排放的多方关系受到了国内外学者的广泛关注。在碳排放影响因素的探究中，学者多使用格兰杰因果关系检验（原嫄等，2020）、回归分析（韩坚等，2014）以及空间计量模型（程叶青等，2014）等方法。

兵团工业化主要依赖的是石油、天然气、煤炭等不可再生能源，2018 年兵团高排放产业能源消耗量占规模以上工业企业能源总消耗量的 72.10%。忽视高排放产业能源消耗以及产业结构优化，不仅会给兵团工业带来高能耗成本，也会对环境产生巨大压力。深入研究兵团能源消耗、产业结构与碳排放的因果关系，对实现低碳发展有重要意义。一方面，经济发展离不开能源的长期投入，而能源消耗的不断增加必然会导致碳排放量持续上升；另一方面，产业结构多通过能源消耗结构而与碳排放联系起来，不同产业部门的能源消耗结构差别较大，进而对碳排放量的影响各不相同。在推崇节能减排、低碳经济发展的大环境下，探究兵团高排放产业能源消耗、产业结构与碳排放的关联性，有助于为全面认识兵团碳排放过程以及制定更具针对性的节能减排降耗政策提供理论依据与数据支撑。

5.2　新疆碳排放外溢效应测度

为贯彻国家和新疆的低碳经济发展战略，兵团需结合实际情况提出相应的节能减排路径；而要真正实现低碳发展，就必须掌握兵团高排放产业碳排放外溢特征，针对性地制定碳减排政策。兵团在空间上的分布较为分散，加之兵团高排放产业碳排放量占兵团总产业碳排放量的 42.50%，因此兵团高排放产业碳排放空间溢出可能会对新疆其他地（州、市）的碳排放产生作用。与此同时，国内学者近些年开始运用空间计量模型对中国碳排放进行研究（王惠等，2015；肖宏伟等，2013）。在碳排放影响因素研究中，学界普遍认为能源结构、能源强度、产业结构等因素对碳排放影响较大（宋金昭等，2018；王新利等，2018）。综上所述，本节从区域层面对碳排放进行空间计量分析，运用空间计量模型对新疆 14 个地（州、市）的碳排放溢出效应进行研究。

5.2.1　数据来源与模型设定

5.2.1.1　数据来源

　　国内外研究表明，煤炭、石油、天然气是企业及生活中主要的消耗能源。从第4章对兵团高排放产业碳排放量及各师碳排放量的计算过程也可以看出，煤炭、石油、天然气确实在兵团各师规模以上工业企业所消耗的能源中占比较大。由于新疆各地（州、市）高排放产业能源消耗数据的缺失，所以本节主要是对新疆14个地（州、市）[①] 的煤炭、石油和天然气的总碳排放溢出效应进行分析（表5-1）。

表5-1　描述性统计结果

变量名称	变量说明	平均值	标准差	最小值	最大值
LnC	碳排放量	13.090 2	2.923 9	3.797 9	17.283 9
Ii	能源结构	20.153 8	151.558 8	0.000 1	1 290.584 0
J	能源强度	1.787 6	1.604 1	0.000 1	9.441 8
IPi	产业结构	1.477 9	1.901 6	0.018 2	8.831 0
Lny	产业规模	15.582 6	4.546 2	7.798 4	26.527 5

　　（1）被解释变量。碳排放量（LnC）：本节新疆14个地（州、市）碳排放量数据参照第4章式（4-1）计算得到。

　　（2）控制变量。能源结构（Ii）：采用新疆14个地（州、市）规模以上工业企业煤炭、石油和天然气能源消耗转换为标准煤后与综合能源消耗量的比值衡量，煤炭、石油、天然气的标准煤换算系数分别为0.71、1.71、1.33。

　　能源强度（J）：采用新疆14个地（州、市）规模以上工业企业产值能耗衡量。

　　产业结构（IPi）：采用新疆14个地（州、市）规模以上工业企业生产总值与工业总产值的比值衡量。

　　产业规模（Lny）：采用新疆14个地（州、市）规模以上工业企业能源消耗量与产值能耗的比值衡量。

---

　　① 新疆14个地（州、市）包括：乌鲁木齐市、克拉玛依市、吐鲁番市、哈密市、昌吉回族自治州、伊犁哈萨克自治州、塔城地区、阿勒泰地区、博尔塔拉蒙古自治州、巴音郭楞蒙古自治州、阿克苏地区、克孜勒苏柯尔克孜自治州、喀什地区、和田地区。

5.2.1.2　空间权重矩阵的设定

（1）空间邻接矩阵。如果两个地区相邻（即有公共边界），则权重矩阵对应的数字设定为 1；如果两个地区的地理位置不相邻（即没有公共边界），则权重矩阵对应的数字设定为 0。矩阵元素中对角线元素全为 0，其他元素的设定满足：

$$W_{ij}^d = 1\,(i \neq j)，否则\ W_{ij}^d = 0\,(i = j) \qquad (5-1)$$

（2）地理距离矩阵。采用新疆 14 个地（州、市）与兵团各师师部所在城市［若地（州、市）无师部所在城市，则采用地（州、市）首府城市］之间距离的倒数衡量，各城市间距离通过经度和纬度位置计算得出，主要采用地理距离矩阵进行主回归：

$$W_{ij}^d = \frac{1}{d_{ij}}\,(i \neq j)，否则\ W_{ij}^d = 0\,(i = j) \qquad (5-2)$$

（3）经济距离矩阵。权重设置采用新疆 14 个地（州、市）之间人均 GDP 均值之差绝对值的倒数进行衡量：

$$W_{ij}^d = \frac{1}{|\bar{Y}_i - \bar{Y}_j|}\,(i \neq j)，否则\ W_{ij}^d = 0\,(i = j) \qquad (5-3)$$

（4）经济地理矩阵。经济发展并不能单纯孤立看待，城市间存在着密切的交流合作，空间效应的产生不仅与地理距离有关，而且城市属性也是不可忽视的原因。基于此，将城市的经济属性与地理距离相结合构建经济地理矩阵：

$$W_{ij}^d = \frac{1}{|\bar{Y}_i - \bar{Y}_j|} \times \frac{1}{d_{ij}}\,(i \neq j)，否则\ W_{ij}^d = 0\,(i = j) \qquad (5-4)$$

5.2.2　新疆碳排放外溢效应结果分析

5.2.2.1　模型选择

一方面，实证结果表明新疆 14 个地（州、市）碳排放之间存在显著空间相关性（表 5-2）。在地理距离矩阵下考察 2005—2018 年新疆 14 个地（州、市）碳排放的 $Moran's\ I$ 指数，由于新疆 14 个地（州、市）碳排放的 $Moran's\ I$ 指数均大于 0，且 2005—2018 年新疆 14 个地（州、市）碳排放的 $Moran's\ I$ 指数均显著，所以可判定新疆 14 个地（州、市）的碳排放在空间上存在相关性。另一方面，通过 $Moran's\ I$ 指数检验出新疆 14 个地（州、市）碳排放存在空间相关性后，便可确定合适的空间计量模型；与此同时，在空间面板的选择过程中还要考虑是采用固定效应模型还是采用随机效应模型。基于此，分别基于随机效应和固定效应的空间滞后模型（SAR）、空间误差模型（SEM）对样本进行拟合，在地理距离矩阵下拟合结果见表 5-3。通过对比随机效应、空间固定、时间固定及时间空间双固定的 SAR、SEM 后发现，SEM 的时间空间双固定效应模型（SF）的极大似然统计值（Log-likelihood）大于其余 5 种模型，因此 SEM 的时间空间双固定效应模型（SF）是较优选择，其空间自相关系数为正，在 1% 水平上高度显著。

表 5-2　新疆碳排放 *Moran's I* 指数

指数	2005 年	2006 年	2007 年	2008 年	2009 年	2010 年	2011 年
Moran's I	0.066*	0.080*	0.060*	0.106**	0.122**	0.218***	0.186***
指数	2012 年	2013 年	2014 年	2015 年	2016 年	2017 年	2018 年
Moran's I	0.154**	0.161**	0.166**	0.109**	0.078**	0.062*	0.107**

注：* 表示在 10% 水平上显著，** 表示在 5% 水平上显著，*** 表示在 1% 的水平上显著，下同。

表 5-3　新疆各地（州、市）碳排放空间计量模型选择

变量	SAR				SEM			
	NonF	SF	TF	STF	NonF	SF	TF	STF
I_i	0.004***	0.004***	0.013***	0.003**	0.002***	0.002***	0.013***	0.003**
	(7.430)	(7.780)	(15.170)	(2.140)	(3.080)	(3.070)	(15.740)	(2.360)
J	0.165**	0.120	0.871***	0.099	0.126*	0.087	0.856***	0.082
	(2.110)	(1.590)	(14.220)	(1.010)	(1.680)	(1.230)	(13.530)	(0.850)
IP_i	0.213	0.029	−0.025	−0.193	0.072	−0.113	0.011	−0.224*
	(1.630)	(0.210)	(−0.410)	(−1.530)	(0.500)	(−0.860)	(0.170)	(−1.760)
Lny	−0.176***	−0.177***	1.010***	−0.294	−0.447***	−0.466***	1.014***	−0.300*
	(−4.570)	(−4.71)	(11.550)	(−1.560)	(−8.660)	(−9.440)	(11.590)	(−1.650)
Spatial lambda	0.665***	0.674***	0.079	−0.323**	0.689***	0.697***	−0.254	−0.492***
	(10.910)	(11.320)	(1.020)	(−2.080)	(12.220)	(13.350)	(−1.590)	(−3.020)
N	196	196	196	196	196	196	196	196
Log-likelihood	−292.656	−260.283	−270.166	−218.254	−292.519	−255.662	−269.389	−216.125

5.2.2.2　实证结果及分析

采用时间空间双固定空间误差模型（SEM）测度新疆 14 个地（州、市）碳排放外溢效应，结果如表 5 - 4 所示：在地理距离矩阵下新疆 14 个地（州、市）碳排放的空间效应更多地体现为一种此消彼长趋势，且各地（州、市）的碳排放水平具有显著的空间依赖性——即本地的碳排放水平会随着邻近地（州、市）的碳排放水平的升高而降低，在通过更换空间邻接矩阵、经济距离矩阵以及经济地理矩阵等一系列稳健性检验后该结论依然成立。

表 5 - 4　新疆碳排放 SEM 估计结果及稳健性检验

变量	地理距离矩阵	空间邻接矩阵	经济距离矩阵	经济地理矩阵
Ii	0.003 **	0.004 ***	0.006 ***	0.003 *
	(2.360)	(2.970)	(4.190)	(1.870)
J	0.082	0.094	0.191	0.056
	(0.850)	(1.090)	(2.040)	(0.570)
IPi	−0.224 *	−0.228 *	−0.211 *	−0.111
	(−1.760)	(−1.890)	(−1.920)	(−0.860)
Lny	−0.300 *	−0.278 *	−0.040	−0.327 *
	(−1.650)	(−1.670)	(−0.220)	(−1.780)
时间固定	YES	YES	YES	YES
地点固定	YES	YES	YES	YES
Spatial lambda	−0.492 ***	−0.465 ***	−0.709 ***	−0.303 ***
	(−3.020)	(−4.110)	(−5.460)	(−3.130)
N	196	196	196	196
Log - likelihood	−216.125	−212.520	−209.476	−215.939

一方面，在地理距离矩阵下空间双固定空间误差模型（SEM）中，兵团碳排放对应的空间滞后系数值为−0.492，且在 1% 的显著性水平下通过检验，说明新疆各地（州、市）之间的碳排放确实存在空间溢出效应，当邻近区域的碳排放水平每增加 1%，则本地区的碳排放水平会减少约 0.492 个百分点，即邻近地（州、市）的碳排放水平升高，那么本地区的碳排放水平会降低。其原因可能是：由于缺乏先进的技术、管理理念等，邻近政府或企业的环境保护意识较落后，区域内整体碳排放较高，在以绿色发展理念为指导的治理模式下，对邻近区域政府官员的晋升和居民的生活质量都将产生恶劣影响；基于此，本

地区政府会选择吸取邻近政府管理经验，积极调整本地区环境治理措施，加强规模以上工业企业碳排放量监管和环境保护宣传，鼓励规模以上工业企业从以利用化石能源为主的生产模式向以利用清洁能源为主的生产模式转变，进而降低本地区碳排放水平。

另一方面，通过更换空间邻接矩阵、经济距离矩阵以及经济地理矩阵进行回归后发现，空间自相关系数均显著为负，进一步说明选择时间空间双固定空间误差模型（SEM）探究新疆 14 个地（州、市）碳排放溢出效应较为合理；同时表明主回归结果较为稳健，空间依赖作用主要通过空间误差模型的随机误差项来体现，新疆各地（州、市）的空间影响在很大程度上体现为对另一地（州、市）整体的结构性误差冲击，各地（州、市）的能源结构、能源强度、产业结构以及产业规模正是这种结构性差异的体现。

5.3 兵团高排放产业碳排放外溢效应测度

为深入测度兵团高排放产业碳排放外溢效应，本节运用空间计量模型对兵团高排放产业碳排放进行研究，将空间效应纳入研究体系，使得空间计量模型估计更加有效，从而挖掘出影响兵团碳排放增长的驱动因素，有助于针对性地制定有效的兵团碳减排政策。

5.3.1 数据来源与模型设定

5.3.1.1 数据来源

从第 4 章有关兵团高排放产业碳排放量及各师碳排放量的计算过程中可以看出，由于兵团各师高排放产业能源消耗数据的缺失，以及兵团各师规模以上工业企业煤炭、石油、天然气这三种能源的消耗占比较高，所产生的碳排放总量偏高，所以这三种能源的碳排放水平能够有效表示兵团各师规模以上工业企业碳排放发展现状。因此，本小节主要是对兵团 13 个师（十一师除外）的煤炭、石油和天然气这三种常见能源的总碳排放溢出效应进行分析（表 5 - 5）。

（1）被解释变量。碳排放量（H）：本小节兵团各师碳排放量数据由第 4 章"表 4 - 7 2005—2018 年兵团各师高排放产业的碳排放量"得到。

（2）控制变量。能源结构（Ii）：采用兵团各师规模以上工业企业煤炭、石油和天然气能源消耗转换为标准煤后与综合能源消耗量的比值衡量，煤炭、石油、天然气的标准煤换算系数分别为 0.71、1.71、1.33。

能源强度（J）：采用兵团各师规模以上工业企业产值能耗衡量。

产业结构（IPi）：采用兵团各师规模以上工业企业生产总值与工业总产值的比值衡量。

产业规模（Y）：采用兵团各师规模以上工业企业能源消耗量与产值能耗的比值衡量。

表 5-5　描述性统计结果

变量名称	变量说明	平均值	标准差	最小值	最大值
C	碳排放量	149.970	311.911	0.000	1 756.845
Ii	能源结构	1 224.197	709.910	0.000	4 618.836
J	能源强度	13 507.580	9 848.732	0.000	42 900.000
IPi	产业结构	7.075	10.172	0.000	44.927
Y	产业规模	68.783	115.338	0.000	588.833

5.3.1.2　空间相关性检验

空间自相关可理解为变量在空间相近的地区有相似的取值，其检验方法包括全局莫兰指数和局部莫兰指数。全局莫兰指数是考察整个空间变量的空间聚集情况，公式如下：

$$Moran's\ I = \frac{\sum\limits_{i=1}^{n}\sum\limits_{j=1}^{n}w_{ij}(x_i - \overline{X})}{\sum\limits_{i=1}^{n}\sum\limits_{j=1}^{n}w_{ij}\sum\limits_{i=1}^{n}(x_i - \overline{X}^2)} \tag{5-5}$$

$Moran's\ I$ 取值区间为 $[-1，1]$，$Moran's\ I$ 大于 0 则表明兵团各师碳排放之间空间正相关，$Moran's\ I$ 小于 0 表明兵团各师碳排放之间空间负相关，$Moran's\ I$ 接近于 0 表示兵团各师碳排放之间不存在空间相关性。

5.3.1.3　空间面板模型的设定

（1）空间滞后模型（SAR）。该模型描述了被解释变量之间存在的内生交互效应，即单位 i 的被解释变量依赖于其他单位的被解释变量，其基本形式如下：

$$Y = \rho WY + X\beta + \varepsilon \quad \varepsilon \sim N[0，\sigma^2 I] \tag{5-6}$$

其中，ρ 为自回归系数，表示该变量在一个地区的溢出效应；WY 为被解释变量的空间滞后效应，其中 W 为行标准化矩阵；X 为解释变量矩阵，β 为参数向量，ε 为随机误差项向量，相互独立且服从正态分布。

（2）空间误差模型（SEM）。空间误差模型描述了误差项之间的交互效应，即其他单位被解释变量不可观测的冲击对单位 i 被解释变量的影响。其基本形式如下：

$$Y = X\beta + \varepsilon \qquad (5-7)$$

$$\varepsilon = \lambda W\varepsilon + u \quad u \sim N\left[0, \sigma^2 I\right] \qquad (5-8)$$

其中，λ 为空间误差系数，表示相邻地区的外溢是随机冲击作用的结果。

（3）空间杜宾模型（SDM）。空间杜宾模型不仅包含了内生交互效应，还包含了外生交互效应，认为单位 i 的被解释变量还取决于其他单位的解释变量，其基本形式如下：

$$Y = \rho WY + X\beta + W\overline{X}\gamma + \varepsilon \qquad (5-9)$$

（4）空间权重矩阵的设定。设 e_{ij} 为兵团各师之间的经济距离，采用兵团各师在研究年份中的名义 GDP 均值之差绝对值的倒数进行衡量。从地理意义上可以理解为，如果兵团各师之间的经济差距越小，那么兵团各师的空间交互效应应该越强。基于经济距离准则的矩阵元素的设置如下：

$$e_{ij} = \frac{1}{|\overline{Y}_i - \overline{Y}_j|} \ (i \neq j)，否则 \ e_{ij} = 0 \ (i = j) \qquad (5-10)$$

5.3.2 兵团碳排放外溢效应结果分析

5.3.2.1 模型选择

兵团各师碳排放之间存在显著的空间相关性。表 5-6 为经济距离权重矩阵下 2005—2018 年兵团各师碳排放的 *Moran's I* 指数。由于兵团各师碳排放的 *Moran's I* 指数均大于 0，且 2006—2014 年兵团各师碳排放的 *Moran's I* 指数均显著，所以可判定兵团高排放产业碳排放在空间上存在相关性。为了进一步检验空间相关性，采用拉格朗日乘数（LM）和稳健的拉格朗日乘数（LM Robust）进行检验，检验结果如表 5-7 所示。在经济距离权重矩阵下，SAR

表 5-6　经济距离权重矩阵下 2005—2018 年兵团碳排放 *Moran's I* 指数

指数	2005 年	2006 年	2007 年	2008 年	2009 年	2010 年	2011 年
Moran's I	0.023	0.058**	0.079**	0.078**	0.088**	0.119**	0.11**

指数	2012 年	2013 年	2014 年	2015 年	2016 年	2017 年	2018 年
Moran's I	0.127*	0.129*	0.129*	0.057	0.07	0.063	0.029

和 SEM 的 LM - ERR 和 LM - LAG 均通过了 1% 水平上的显著性检验，Robust LM - ERR 和 Robust LM - LAG 均通过了 5% 水平上的显著性检验。

表 5 - 7　2005—2018 年兵团碳排放 LM 检验

变量	标准差	P 值
拉格朗日乘数—误差检验（LM - ERR）	11.686	0.001
稳健的拉格朗日乘数—误差检验（Robust LM - ERR）	4.807	0.028
拉格朗日乘数—滞后检验（LM - LAG）	10.586	0.001
稳健的拉格朗日乘数—滞后检验（Robust LM - LAG）	3.707	0.054

首先，如表 5 - 8 所示，经济距离权重矩阵下的 LR 检验及 Wald 检验都通过了 1% 水平上的显著性检验，拒绝原假设（原假设：SDM 可以简化为 SAR 或 SEM），因此，选择空间杜宾模型；其次，根据 Hausman 检验，经济距离权重矩阵下 Hausman 检验的统计量为 29.13（P=0.000），由此选用固定效应模型；最后，固定效应模型又分为时间固定效应、空间固定效应和时空固定效应模型，通过了似然比检验。因此，经过 LR 检验、Wald 检验和 Hausman 检验后，本小节选择时间空间双固定杜宾模型（SDM）进行实证检验；同时，为保证研究结论的稳健性以及更清晰地分析兵团碳排放外溢效应的影响，本小节仍然展示随机效应、空间固定效应及时间固定效应的结果。

表 5 - 8　2005—2018 年兵团碳排放 LR 检验及 Wald 检验

LR 检验	LRchi2（4）	P 值
Lrtest sdm sar	44.72	0.000
Lrtest sdm sem	23.74	0.000
Wald 检验	LRchi2（4）	P 值
Lrtest sdm sar	1.5×10^7	0.000
Lrtest sdm sem	24.43	0.000

5.3.2.2　实证结果及分析

采用时间空间双固定杜宾模型（SDM）测度兵团各师碳排放外溢效应，发现一个师的碳排放水平会随着邻近师碳排放水平的升高而降低。一方面，从表 5 - 9 可以看出，对比随机效应、空间固定、时间固定及时间空间双固定 4 种模型，发现时间空间双固定杜宾模型（SDM）的极大似然统计值（Log‑likelihood）及拟合优度系数（R‑sq）大于其余三种模型，进一步说明选择时间空间双固定模型探究兵团碳排放溢出效应更为合理。另一方面，在时间空间双固定杜宾模型（SDM）中，兵团碳排放对应的空间滞后系数 ρ 值为 -0.471，且在 1% 的显著性水平下通过检验，说明兵团各师之间的碳排放确实存在空间溢出效应。也就是说，当邻近区域的碳排放水平每增加 1%，则本地区的碳排放水平会减少约 0.471 个百分点，即邻近师的碳排放水平升高，那么本师的碳排放水平会降低。其原因可能与前述原因相同。

表 5-9　2005—2018 年兵团各师碳排放 SDM 估计及检验

变量	空间固定效应	时间固定效应	时间空间双固定效应	随机效应
Ii	0.087 ***	0.089 ***	0.101 ***	0.087 ***
	(7.730)	(7.700)	(8.430)	(7.790)
J	0.006 ***	0.003 ***	0.005 ***	0.006 ***
	(5.880)	(3.240)	(4.150)	(6.040)
IPi	2.705	−2.461 **	4.462 **	−1.668
	(1.280)	(−2.070)	(2.180)	(−0.970)
Y	2.636 ***	2.539 ***	2.728 ***	2.565 ***
	(23.720)	(20.720)	(25.480)	(22.670)
$\_cons$				−221.386 ***
				(−3.370)
Spatial lambda	−0.363 ***	−0.655 ***	−0.471 ***	−0.508 ***
	(−2.870)	(−5.420)	(−3.820)	(−4.320)
N	182	182	182	182
R‑sq	0.874	0.804	0.858	0.851
Log‑likelihood	−1 046.205	−1 096.580	−1 036.438	−1 076.801

从控制变量上看，产业结构、产业规模、能源结构和能源强度对兵团各师碳排放影响均显著为正。①产业结构对兵团各师碳排放影响相对最大，即各师规模以上工业企业对兵团工业总产值贡献越大，碳排放量越高。产业结构的系数为 4.462，通过了 5% 的显著性水平检验，即产业结构每增高 1%，兵团碳排放量增长 4.462 个百分点。②产业规模对兵团各师碳排放影响相对较大，即

各师规模以上工业企业产值越高，消耗能源会越多，碳排放量随之增加。产业规模的系数为 2.728，在 1% 的水平上显著为正，即产业规模每增加 1%，碳排放量增长 2.728 个百分点。③能源结构对兵团各师碳排放影响相对较小，即兵团各师规模以上工业企业使用化石能源量越高，碳排放量增长越快。能源结构的系数为 0.101，且通过了 1% 的显著性水平检验，即能源结构每上涨 1%，碳排放量增长 0.101 个百分点。④能源强度对兵团各师碳排放影响相对最小，即各师规模以上工业企业能源消费量与产值能耗越高，碳排放量越高。能源强度的系数为 0.005，在 1% 的水平上显著为正，即能源强度每增加 1%，碳排量增长 0.005 个百分点。

5.4　兵团高排放产业的碳足迹描绘

自 20 世纪 70 年代以来，区域气候变暖已成为全世界各领域学者关注的焦点。大多数学者认为温室效应加剧是造成全球变暖的重要原因，而温室效应加剧的主要原因在于人类活动向大气中排放的温室气体急剧增加。生态足迹是侧重于生态理念的可持续发展量化指标，在生态足迹概念的基础上提出的碳足迹是对某种活动引起的（或某种产品生命周期内积累的）直接或间接的碳排放量的衡量，能够直观衡量自然系统对人类活动碳排放的响应。由于碳足迹可以全面客观地评价人类活动对环境的影响和压力，国外学者不仅对国家层面碳足迹进行了分析（Kenny T，2009），也对部门产业的碳足迹开展了评估；国内学者采用不同的方法对国家层面、省域层面和市域层面（潘竟虎等，2021；郭运功等，2010）的碳足迹、人均碳足迹和碳足迹产值等方面展开了深入研究。上一节从空间尺度探讨了兵团高排放产业碳排放外溢效应，本节主要从时间尺度测算兵团高排放产业碳足迹，通过计算并利用各类能源利用的碳足迹，探讨兵团高排放产业能源利用碳足迹及其生态压力，为兵团及新疆的能源可持续发展与利用提供理论和数据支撑。

5.4.1　数据来源与测算方法

5.4.1.1　数据来源

在能源消耗碳排放的研究中，不仅要考虑产业活动的碳排放，也要分析不同产业空间的碳足迹效应。我国可利用能源类型多种多样，主要有化石能源、电能、生物质能、风能、水能、潮汐能、太阳能和核能等，但从经济效益和可获取性考虑，主要以化石能源为主。基于此，本小节计算了兵团高排放产业煤炭、石油和天然气这三种主要能源的碳足迹效应，兵团高排放产业碳排放总量和各类高排放产业碳排放量均由第 4 章"表 4 - 2　2005—2018 年兵团高排放产业的碳排放量"得到。

5.4.1.2　碳排放测算方法

碳足迹是一种用于研究人类活动对环境影响的分析工具，表示在一定社会发展水平、技术水平、生活方式和消费模式下，在一定空间范围内人类所有经济活动的能源资本消费和生态系统的能源供给。碳足迹反映了绿色植被的固碳能力，主要用植被吸纳碳排放的面积来表示，即 1 平方公顷植被 1 年吸纳的碳量。参考郭运功等（2010）的研究，能源利用碳足迹的计算公式为：

$$Cf = \sum_{i=1}^{3} Cf_i = \sum_{i=1}^{3} \frac{C_i}{D_i} \qquad (5-11)$$

其中，i 为煤炭、石油和天然气能源，C_i 为 i 能源的人均碳排放量，D_i 为 i 能源的土地转换系数。按照式（4 - 1）将煤炭、石油和天然气能源实物消耗量转化为碳排放量后，再通过煤炭、石油和天然气能源人均碳排放量与土地转换系数的比值计算出各类能源利用的碳足迹（表 5 - 10）。

表 5 - 10　能源利用碳排放的土地转换系数

类型	转换系数（吨/平方公顷）	备注
能源	6.490	以林地吸收二氧化碳量计

资料来源：世界自然基金会（WWF）网站。

5.4.2　实证结果及分析

5.4.2.1　兵团高排放产业能源利用碳足迹

根据能源利用碳足迹计算方法，对 2005—2018 年兵团高排放产业主要能源利用的总碳足迹和不同能源类型的碳足迹进行了计算。

从能源利用的总碳足迹来看，2005—2018 年兵团高排放产业主要能源利用的总碳足迹呈现上升的趋势（图 5 - 1）。具体如表 5 - 11 所示，兵团高排放产业主要能源利用的总碳足迹 2005—2016 年一直处于上升阶段，从 0.163 6 公顷/人上升到 1.950 3 公顷/人；2017—2018 年有所下降，从 1.950 3 公顷/人降到 1.815 3 公顷/人；但与 2005 年相比，2018 年兵团高排放产业主要能源利用的总碳足迹增加了 1.651 7 公顷/人，约为 2015 年总碳排放足迹的 11.1

倍。兵团高排放产业能源利用的总碳足迹出现了先增后减的趋势，原因可能是随着兵团经济快速发展，在人口增多、城市化进程加快等一系列外部因素的推动下，兵团高排放产业能源消耗量不断上升，导致能源利用的碳足迹不断增大；2017—2018 年总碳足迹出现下降的原因可能是兵团响应新能源供给侧结构性改革，大力推进新能源和可再生能源开发利用，在一定程度上缓解了兵团高排放产业能源利用的碳足迹持续上涨的趋势。

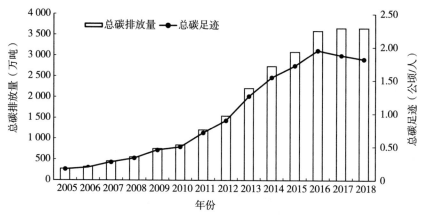

图 5 - 1　2005—2018 年兵团高排放产业总能源利用的总碳足迹变化情况

表 5 - 11　兵团高排放产业主要能源利用的总碳足迹及各类能源利用的碳足迹

年份	碳排放量 （万吨）	总碳足迹 （公顷/人）	煤炭碳足迹 （公顷/人）	石油碳足迹 （公顷/人）	天然气碳足迹 （公顷/人）
2005 年	272.821 2	0.163 6	0.163 6	0.000 000 0	0.000 0
2006 年	317.807 6	0.189 8	0.189 8	0.000 000 0	0.000 0
2007 年	454.665 6	0.271 0	0.271 0	0.000 000 0	0.000 0
2008 年	551.870 5	0.330 5	0.330 4	0.000 000 4	0.000 1
2009 年	753.927 0	0.451 5	0.451 4	0.000 000 1	0.000 1
2010 年	843.225 5	0.498 3	0.602 2	0.000 003 9	0.000 2
2011 年	1 207.558 1	0.711 9	0.711 7	0.000 000 3	0.000 2
2012 年	1 543.497 4	0.897 9	0.897 7	0.000 025 7	0.000 2
2013 年	2 210.543 1	1.260 8	1.260 3	0.000 049 2	0.000 5
2014 年	2 738.578 2	1.544 1	1.543 5	0.000 040 9	0.000 5

（续）

年份	碳排放量（万吨）	总碳足迹（公顷/人）	煤炭碳足迹（公顷/人）	石油碳足迹（公顷/人）	天然气碳足迹（公顷/人）
2015 年	3 085.179 9	1.718 9	1.718 4	0.000 018 2	0.000 4
2016 年	3 587.288 3	1.950 3	1.949 9	0.000 008 7	0.000 4
2017 年	3 654.316 5	1.873 6	1.873 1	0.000 002 1	0.000 5
2018 年	3 658.859 2	1.815 3	1.814 8	0.000 000 6	0.000 5

从兵团高排放产业各类能源利用的碳足迹来看，煤炭的贡献率比重过大，以天然气为代表的清洁能源的贡献率比重过小，"以煤为主"的一次能源利用结构会造成运输压力大、能源利用效率低和环境污染严重等多方面的问题，具体如图 5-2 所示。首先，煤炭利用的碳足迹最大，在一次能源中煤炭的占比过高，煤炭利用的碳足迹呈明显上升趋势。煤炭利用的碳足迹从 2005 年的 0.163 6 公顷/人上涨到 2018 年的 1.814 8 公顷/人，上涨了 10.1 倍。其次，以天然气等为代表的清洁优质能源占比较低，天然气利用的碳足迹存在较小转折，呈 N 形走势。天然气利用的碳足迹从 2005 年的 0 上涨到 2014 年 0.000 5 公顷/人，在 2015—2016 年天然气利用的碳足迹下降为 0.000 4 公顷/人，2017—2018 年天然气利用的碳足迹再次上升至 0.000 5 公顷/人。最后，石油

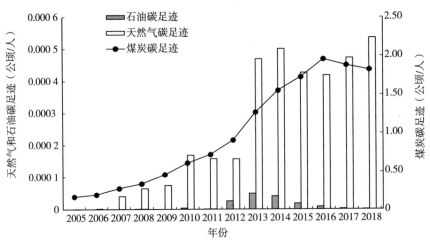

图 5-2　2005—2018 年兵团高排放产业各类能源利用的碳足迹变化情况

利用的碳足迹最小，石油利用的碳足迹呈倒 V 形走势，最高为 2013 年的 0.000 05 公顷/人。

5.4.2.2　兵团高排放产业分行业能源利用的碳足迹

对兵团各类高排放产业能源利用碳足迹进行分析得出，兵团高排放产业中"电力、热力生产和供应业，化学原料及化学制品制造业，石油、煤炭及其他燃料加工业"能源利用的碳足迹既是兵团高排放产业主要能源利用总碳足迹的主要组成部分，也是煤炭利用碳足迹的主要组成部分。故应重点对"电力、热力生产和供应业，化学原料及化学制品制造业，石油、煤炭及其他燃料加工业"的能源结构进行改造和革新。

一方面，对兵团各类高排放产业能源利用的碳足迹进行分析发现，"电力、热力生产和供应业，化学原料及化学制品制造业，石油、煤炭及其他燃料加工业"能源利用的碳足迹对总碳足迹的贡献最高。这三类产业排名靠前，占比较大，为 86.57%。电力、热力生产和供应业 2005—2018 年的碳足迹呈上升趋势，2005 年的碳足迹最低，为 0.095 公顷/人；2018 年的碳足迹最高，为 0.983 公顷/人，是 2005 年的碳足迹的 10.35 倍。化学原料及化学制品制造业 2005—2018 年的碳足迹呈倒 V 形，2005 年的碳足迹最低，几乎为 0；2015 年的碳足迹最高，为 0.374 公顷/人；2018 年的碳足迹为 0.295 公顷/人。石油、煤炭及其他燃料加工业 2005—2018 年的碳足迹呈波动上涨趋势，2005 年的碳足迹最低，为 0.016 公顷/人；2016 年的碳足迹最高，为 0.559 公顷/人；2018 年的碳足迹为 0.380 公顷/人，是 2015 年的 23.75 倍（表 5 - 12、图 5 - 3）。

另一方面，对兵团各类高排放产业分能源类型的碳足迹进行分析。①煤炭利用的碳足迹对总碳足迹的贡献度最大。"电力、热力生产和供应业，化学原料及化学制品制造业，石油、煤炭及其他燃料加工业"能源利用的碳足迹是兵团煤炭利用碳足迹的主要组成部分，与总碳足迹变动趋势相同，占比为 85.91%（图 5 - 4）。②石油利用的碳足迹对总碳足迹的贡献最小，主要由化学原料及化学制品制造业、非金属矿物制品业构成能源利用的碳足迹，占比为 98.51%（图 5 - 5）。③天然气利用的碳足迹对总碳足迹的贡献次之，主要由"电力、热力的生产和供应业，化学原料及化学制品制造业，非金属矿物制品业"能源利用的碳足迹构成，占比为 88.84%（图 5 - 6）。

表 5-12　兵团高排放产业分行业能源利用的碳足迹

单位：公顷/人

高排放产业	2005年	2006年	2007年	2008年	2009年	2010年	2011年	2012年	2013年	2014年	2015年	2016年	2017年	2018年
电力、热力生产和供应业	0.095	0.097	0.152	0.150	0.214	0.245	0.301	0.420	0.529	0.573	0.715	0.859	0.876	0.983
化学原料及化学制品制造业	0.000	0.001	0.002	0.059	0.103	0.105	0.193	0.231	0.238	0.246	0.374	0.349	0.319	0.295
石油、煤炭及其他燃料加工业	0.016	0.024	0.038	0.034	0.036	0.037	0.089	0.104	0.308	0.520	0.456	0.559	0.514	0.380
非金属矿物制品业	0.031	0.040	0.041	0.048	0.057	0.067	0.072	0.084	0.089	0.071	0.038	0.050	0.052	0.061
食品制造业	0.004	0.006	0.013	0.015	0.017	0.017	0.021	0.016	0.042	0.040	0.045	0.045	0.047	0.044
黑色金属冶炼和压延加工业	0.002	0.002	0.002	0.002	0.002	0.001	0.000	0.001	0.002	0.003	0.002	0.001	0.003	0.002
农副食品加工业	0.007	0.012	0.016	0.014	0.013	0.016	0.016	0.017	0.016	0.020	0.021	0.020	0.017	0.014
纺织业	0.003	0.003	0.002	0.002	0.003	0.004	0.003	0.003	0.003	0.003	0.003	0.002	0.001	0.000
煤炭开采和洗选业	0.004	0.004	0.005	0.006	0.005	0.006	0.011	0.020	0.031	0.067	0.064	0.057	0.037	0.029
化学纤维制造业	0.001	0.001	0.000	0.001	0.001	0.001	0.005	0.000	0.003	0.002	0.001	0.007	0.007	0.009

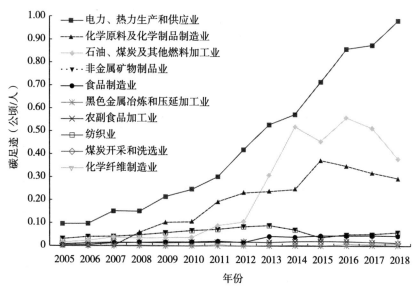

图 5-3 2005—2018 年兵团高排放产业分行业总碳足迹变化情况

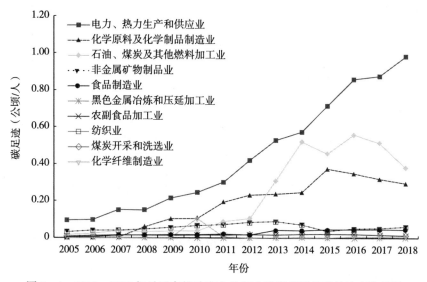

图 5-4 2005—2018 年兵团高排放产业分行业煤炭利用的碳足迹变化情况

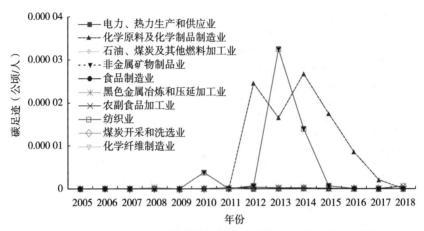

图 5-5　2005—2018 年兵团高排放产业分行业石油利用的碳足迹变化情况

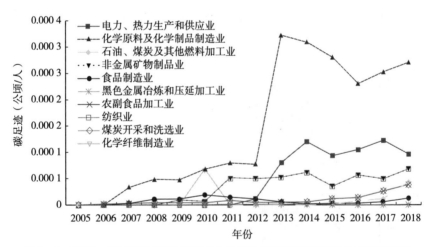

图 5-6　2005—2018 年兵团高排放产业分行业天然气利用的碳足迹变化情况

5.5　兵团高排放产业碳排放的脱钩效应测算

5.5.1　数据来源与模型简介

5.5.1.1　数据来源

本小节主要使用 2005—2018 年兵团高排放产业碳排放量和经济增长量进

行脱钩效应测算。兵团高排放产业总的碳排放量及各类高排放产业碳排放量数据均由第 4 章"表 4 - 2 2005—2018 年兵团高排放产业的碳排放量"得到；工业经济增长变量参考方佳敏等（2015）的研究，采用兵团工业行业能源消耗总产值来表示。

5.5.1.2 模型简介

脱钩效应是探讨经济发展与环境污染之间关联性的有效工具。OECD 将其应用到研究经济发展与环境能源消耗领域，脱钩效应逐渐演变为测度经济发展与环境资源消耗之间的压力状况、衡量经济发展模式可持续性的工具。考虑到 Tapio 脱钩模型不仅可以通过构建因果链来分析各种因素对脱钩指标的影响，而且 Tapio 弹性系数法可以有效克服计量纲变化的影响（冯博等，2015）。因此，参照 Tapio 脱钩分析模型（孙叶飞等，2017），选取兵团高排放产业碳排放量和兵团工业行业能源消耗总产值来研究兵团 2005—2018 年的碳排放与经济增长之间的脱钩关系。公式如下：

$$Y_{(C,G)} = \frac{\%\Delta C}{\%\Delta GDP} = \frac{\left(\dfrac{C_1 - C_0}{C_0}\right)}{\left(\dfrac{GDP_1 - GDP_0}{GDP_0}\right)} = \frac{\left(\dfrac{\Delta C}{C_0}\right)}{\left(\dfrac{\Delta GDP}{GDP_0}\right)} \qquad (5 - 12)$$

其中，$Y_{(C,G)}$ 表示碳排放与经济增长的脱钩指数，$\%\Delta C$ 和 $\%\Delta GDP$ 分别表示碳排放增长率和经济增长率，C_0 和 GDP_0 分别表示基期的碳排放量和 GDP，C_t 和 GDP_t 分别表示 t 时期的碳排放量和 GDP，ΔC 和 ΔGDP 分别表示碳排放量和 GDP 的增加值。参照田云等（2012）、方佳敏等（2015）学者的研究，根据不同的 $Y_{(C,G)}$、ΔC 和 ΔGDP 值设定了三个弹性临界值 0、0.8、1.2，划分成 8 种不同的脱钩状态，具体如表 5 - 13 所示。其中，最理想的状态为强脱钩状态，表明经济增长为正而碳排放增长为负，即经济增长的同时环境压力却在下降；与强脱钩状态正好相反的是强负脱钩状态，表明经济增长为负而环境压力却不断增加，为最不理想状态。

表 5 - 13 能源消费碳排放与经济增长的脱钩状态对照

脱钩状态		ΔC	ΔGDP	弹性区间
	衰退连接	<0	<0	$(0.8,1.2)$
连接	扩张连接	>0	>0	$(0.8,1.2)$
	衰退脱钩	<0	<0	$(1.2,+\infty)$

（续）

脱钩状态		ΔC	ΔGDP	弹性区间
脱钩	强脱钩	<0	>0	$(-\infty, 0)$
	弱脱钩	>0	>0	$(0, 0.8)$
	弱负脱钩	<0	<0	$(0, 0.8)$
负脱钩	强负脱钩	>0	<0	$(-\infty, 0)$
	扩张负脱钩	>0	>0	$(1.2, +\infty)$

5.5.2 兵团高排放产业碳排放脱钩指数测算结果及分析

5.5.2.1 碳排放脱钩效应的总体分析

兵团高排放产业经济增长与能源消耗碳排放间的脱钩类型主要以弱脱钩和扩张负脱钩为主，其脱钩状态并未从弱脱钩状态顺利转向强脱钩状态。究其原因，主要有两方面。一方面，可能是由于兵团高排放产业能源消耗结构比较单一，主要以煤炭为主，对绿色清洁能源使用较少；另一方面，企业和相关部门为维持特定经济增长速度，从成本等因素考虑未高度重视清洁技术的应用与"三高"产业结构转型升级，在短期内难以用低能耗、高技术的行业来代替。具体如表 5-14 所示，兵团高排放产业经济在保持正向增长的同时，其碳排放增速并未减缓。兵团高排放产业经济增长与能源消耗碳排放间的脱钩状态在2005—2006 年、2008—2009 年、2009—2010 年、2014—2015 年和 2017—2018 年表现为弱脱钩，即碳排放增长率和经济增长率均大于 0，脱钩系数位于区间（0，0.8）；在 2007—2008 年和 2016—2017 年表现为扩张连接，即碳排放增长率和经济增长率均大于 0，脱钩系数位于区间（0.8，1.2）；其余年份均表现为扩张负脱钩，即碳排放增长率和经济增长率均大于 0，脱钩系数位于区间（1.2，+∞）。

表 5-14 兵团高排放产业经济增长与能源消耗碳排放脱钩指标结果

年份	%ΔGDP	%ΔC	脱钩指数	脱钩状态
2005—2006 年	0.392	0.165	0.421	弱脱钩
2006—2007 年	0.298	0.431	1.445	扩张负脱钩
2007—2008 年	0.256	0.214	0.834	扩张连接

（续）

年份	%ΔGDP	%ΔC	脱钩指数	脱钩状态
2008—2009 年	0.503	0.366	0.728	弱脱钩
2009—2010 年	0.346	0.118	0.342	弱脱钩
2010—2011 年	0.315	0.432	1.369	扩张负脱钩
2011—2012 年	0.219	0.278	1.269	扩张负脱钩
2012—2013 年	0.290	0.432	1.493	扩张负脱钩
2013—2014 年	0.197	0.239	1.211	扩张负脱钩
2014—2015 年	0.206	0.127	0.613	弱脱钩
2015—2016 年	0.099	0.163	1.650	扩张负脱钩
2016—2017 年	0.017	0.019	1.108	扩张连接
2017—2018 年	0.055	0.001	0.023	弱脱钩

5.5.2.2　碳排放脱钩效应的分行业分析

从兵团各类高排放产业碳排放与经济增长的脱钩类型来看，兵团控制和削减高排放产业煤炭消耗总量的效果显著。兵团70%的高排放产业碳排放与经济增长的脱钩状态有所改善或保持稳定，但还需对隶属于六大高耗能产业中的"电力、热力生产和供应业，非金属矿物制品业，化学纤维制造业"的碳排放量进一步管控，以提高兵团高排放产业碳排放控制能力（表5-15）。

首先，兵团高排放产业中碳排放与经济增长脱钩状态有所优化的产业有"化学原料及化学制品制造业，石油、煤炭及其他燃料加工业，食品制造业，黑色金属冶炼和压延加工业，农副食品加工业，煤炭开采和洗选业"。这些产业的脱钩状态由从基期的弱脱钩或扩张负脱钩状态优化为终期的强脱钩状态。其次，兵团高排放产业中碳排放与经济增长脱钩状态下滑的产业有"电力、热力生产和供应业，非金属矿物制品业，化学纤维制造业"。这些产业的经济增长与碳排放脱钩状态从基期的弱脱钩乃至强脱钩转变为扩张负脱钩。最后，兵团高排放产业中碳排放与经济增长的脱钩状态较为稳定的有纺织业，强脱钩状态可达观测年份的69%，基本为强脱钩状态。

表 5-15 兵团高排放产业分行业经济增长与能源消耗碳排放的脱钩类型

高排放产业	2005—2006年	2006—2007年	2007—2008年	2008—2009年	2009—2010年	2010—2011年	2011—2012年	2012—2013年	2013—2014年	2014—2015年	2015—2016年	2016—2017年	2017—2018年
电力、热力生产和供应业	弱脱钩	扩张负脱钩	强脱钩	扩张连接	弱脱钩	弱脱钩	扩张负脱钩	扩张连接	弱脱钩	扩张负脱钩	扩张负脱钩	扩张负脱钩	扩张负脱钩
化学原料及化学制品制造业	扩张负脱钩	扩张负脱钩	扩张负脱钩	扩张负脱钩	弱脱钩	扩张负脱钩	扩张连接	弱脱钩	弱脱钩	扩张负脱钩	强脱钩	强脱钩	强脱钩
石油、煤炭及其他燃料加工业	扩张负脱钩	扩张负脱钩	强脱钩	弱脱钩	弱脱钩	扩张负脱钩	扩张负脱钩	扩张负脱钩	扩张负脱钩	强脱钩	扩张负脱钩	强脱钩	强脱钩
非金属矿物制品业	弱脱钩	弱脱钩	弱脱钩	弱脱钩	弱脱钩	弱脱钩	扩张连接	强脱钩	强脱钩	强脱钩	扩张负脱钩	扩张负脱钩	强脱钩
食品制造业	扩张负脱钩	扩张负脱钩	弱脱钩	弱脱钩	弱脱钩	弱脱钩	强脱钩	扩张负脱钩	强脱钩	弱脱钩	弱脱钩	扩张负脱钩	强脱钩
黑色金属冶炼和压延加工业	弱脱钩	强脱钩	强脱钩	弱脱钩	强脱钩	强脱钩	扩张负脱钩	扩张负脱钩	扩张负脱钩	强脱钩	强脱钩	扩张负脱钩	强脱钩
农副食品加工业	扩张负脱钩	扩张连接	强脱钩	强脱钩	弱脱钩	弱脱钩	扩张连接	强脱钩	扩张连接	弱脱钩	强脱钩	强脱钩	强脱钩
纺织业	强脱钩	强脱钩	强脱钩	弱脱钩	弱脱钩	强脱钩	扩张连接	强脱钩	弱脱钩	强脱钩	强脱钩	强脱钩	强脱钩
煤炭开采和洗选业	弱脱钩	弱脱钩	扩张连接	强脱钩	弱脱钩	扩张负脱钩	扩张负脱钩	扩张负脱钩	强脱钩	强脱钩	强脱钩	强脱钩	强脱钩
化学纤维制造业	强脱钩	强脱钩	扩张负脱钩	弱脱钩	强脱钩	扩张负脱钩	强脱钩	扩张负脱钩	强脱钩	强脱钩	强脱钩	扩张负脱钩	扩张负脱钩

5.6　兵团高排放产业碳排放与能源消耗、产业结构的因果关联效应

5.6.1　数据来源与研究方法

（1）数据来源。本小节主要使用 2005—2018 年兵团高排放产业能源消耗、产业结构和碳排放量面板数据作为研究数据来源。

（2）变量选取。碳排放量（LNC）：兵团高排放产业总碳排放量及各类高排放产业碳排放量数据均由第 4 章"表 4-2　2005—2018 年兵团高排放产业的碳排放量"得到。

能源消耗（$LNEn$）：采用兵团高排放产业 i 能源（煤炭、石油和天然气）的总消耗量衡量，我国采用的能源标准是标准煤，以此作为各种能源换算成标准煤时的标准量；其中，煤炭、石油、天然气的标准煤换算系数分别为 0.71、1.71、1.33。

产业结构（$LNIPi$）：采用兵团高排放 i 产业 GDP 与高排放产业 GDP 总值的比值衡量（表 5-16）。

表 5-16　描述性统计结果

变量名称	变量说明	平均值	标准差	最小值	最大值
LNC	碳排放量	3.432	2.104	-1.398	7.591
$LNEn$	能源消耗	11.763	2.691	5.465	16.719
$LNIPi$	产业结构	-3.031	1.086	-6.021	-1.355

（3）研究方法。主要使用格兰杰因果关系检验对兵团能源消耗、产业结构与碳排放量之间的因果关系进行检验。格兰杰因果关系检验多运用于计量经济学中变量影响传导机制的探究，主要应用于时间序列数据。与时间序列数据相比，面板数据是一种既包含截面数据也包含时间序列数据的数据类型，且面板数据能提供更加有价值的数据信息，增加变量间的变异性，削弱变量间的共线性。当数据类型拓展到面板数据时，单个面板所含不同截面间的同质或异质关系、面板与面板之间的因果关系将取决于截面与截面间的因果关系。基于此，首先，对选取变量时间序列的平稳性进行单位根检验；其次，用 Pedroni 检验进行协整检验，判断数据间是否存在长期协整关系；最后，对选取的变量进行

格兰杰因果关系检验。

5.6.2 实证结果与分析

5.6.2.1 单位根检验及协整检验

为避免使用不平稳的面板数据进行分析而产生"伪回归"的现象，需要对研究数据进行单位根检验。一方面，对能源消耗（$LNEn$）、产业结构（$LNIPi$）与碳排放量（LNC）的数据进行单位根 LLC 检验（表 5-17）。结果表明，碳排放量、能源消耗、产业结构 LLC 检验均在 5% 水平上显著，说明能源消耗、产业结构和碳排放量的原始数据面板均平稳。

表 5-17　单位根 LLC 检验

变量	Adjusted t	P 值	结果
LNC	−1.977	0.024	平稳
$LNEn$	−2.836	0.023	平稳
$LNIPi$	−3.184	0.001	平稳

另一方面，采用 Pedroni 检验做协整检验，判断数据间是否存在长期协整关系。检验结果表明，能源消耗、产业结构和碳排放量均在 5% 水平上显著。因此拒绝原假设，可认为在 5% 显著性水平下，能源消耗、产业结构与碳排放量之间存在长期协整关系（表 5-18）。

表 5-18　协整检验

检验统计量	统计量值	P 值
Modified Phillips - Perront	2.243	0.012
Phillips - Perront	−2.003	0.023
Augmented Dickey - Fullert	−1.852	0.032

5.6.2.2 兵团高排放产业碳排放与能源消耗、产业结构的格兰杰因果关系检验

对兵团高排放产业总的能源消耗、产业结构与碳排放关联效应进行分析发现，能源消耗是影响兵团碳排放量的直接原因，产业结构对碳排放量的影响存在一定的时效性，具体如表 5-19 所示。一方面，兵团高排放产业能源消耗对碳排放量显著，这表明其是影响兵团碳排放量的直接原因；而碳排放量对能源

消耗的影响不显著，说明碳排放量不是影响能源消耗的主要原因。另一方面，兵团高排放产业的产业结构对碳排放量的影响在 1 期时不显著，在 2 期时显著。这表明兵团高排放产业的产业结构对碳排放量的影响存在一定的滞后性，即在经济发展前期兵团高排放产业的产业结构不是影响碳排放量的原因，但在经济发展后期兵团高排放产业的产业结构逐渐成为影响碳排放量的直接因素。

表 5 - 19　兵团高排放产业碳排放与能源消耗、产业结构格兰杰因果关系检验结果

原假设	滞后阶数	Z - bartilde	P 值	结论
能源消耗不是	1	12.901	0.000	拒绝原假设 是因
碳排放的原因	2	5.190	0.000	拒绝原假设 是因
碳排放不是能源	1	−0.051	0.960	接受原假设 非因
消耗的原因	2	0.150	0.881	接受原假设 非因
产业结构不是	1	1.368	0.171	接受原假设 非因
碳排放的原因	2	2.018	0.044	拒绝原假设 是因
碳排放不是产业	1	2.989	0.003	拒绝原假设 是因
结构的原因	2	3.095	0.000 2	拒绝原假设 是因

5.6.2.3　兵团高排放产业分行业碳排放与能源消耗、产业结构的格兰杰因果关系检验

　　对兵团高排放产业分行业的能源消耗、产业结构与碳排放关联效应进行分析，能源消耗对兵团高排放产业碳排放量影响较大的有化学原料及化学制品制造业，产业结构对兵团高排放产业碳排放量影响较大的有食品制造业、化学原料及化学制品制造业。

　　一方面，在对兵团高排放产业分行业的能源消耗与碳排放量因果关系检验中，能源消耗是影响碳排放量直接因素的有化学原料及化学制品制造业，能源消耗与碳排放无明显因果关系的有"电力、热力生产和供应业，石油、煤炭及其他燃料加工业，非金属矿物制品业，食品制造业，黑色金属冶炼和压延加工业，农副食品加工业，煤炭开采和洗选业，化学纤维制造业"（表 5 - 20）。

　　另一方面，在对兵团高排放产业分行业的产业结构与碳排放量因果关系检验中，化学原料及化学制品制造业前期产业结构是影响碳排放量的直接因素，食品制造业后期产业结构是影响碳排放量的直接原因，产业结构与碳排放量之间无明显因果关系的有非金属矿物制品业、黑色金属冶炼和压延加工业、农副食品加工业、纺织业、化学纤维制造业（表 5 - 21）。

表 5 - 20　兵团高排放产业分行业碳排放与能源消耗格兰杰因果关系检验结果

格兰杰检验结果分类	$K=1$	$K=2$
碳排放与能源消耗互为因果		
$C{\rightarrow}En$	纺织业	
$En{\rightarrow}C$	化学原料及化学制品制造业	化学原料及化学制品制造业
碳排放与能源消费无因果	电力、热力生产和供应业 石油、煤炭及其他燃料加工业 非金属矿物制品业 食品制造业 黑色金属冶炼和压延加工业 农副食品加工业 煤炭开采和洗选业 化学纤维制造业	电力、热力生产供应业 石油、煤炭及其他燃料加工业 非金属矿物制品业 食品制造业 黑色金属冶炼和压延加工业 农副食品加工业 纺织业 煤炭开采和洗选业 化学纤维制造业

表 5 - 21　兵团高排放产业碳排放与产业结构格兰杰因果关系检验结果

检验结果分类	$K=1$	$K=2$
碳排放与产业结构互为因果		化学原料及化学制品制造业
$C{\rightarrow}IPi$	电力、热力生产和供应业 石油、煤炭及其他燃料加工业 食品制造业 煤炭开采和洗选业	石油、煤炭及其他燃料加工业 煤炭开采和洗选业
$IPi{\rightarrow}C$	化学原料及化学制品制造业	食品制造业
碳排放与产业结构无因果	非金属矿物制品业 黑色金属冶炼和压延加工业 农副食品加工业 纺织业 化学纤维制造业	电力、热力生产和供应业 非金属矿物制品业 黑色金属冶炼和压延加工业 农副食品加工业 纺织业 化学纤维制造业

5.7　本章小结

为进一步识别兵团高排放产业碳排放的影响因素，本章在识别并测算兵团高排放产业碳排放量的基础上，考察兵团高排放产业碳排放的多重效应。首先，对兵团高排放产业碳排放效应进行分类，包括外溢效应、碳足迹效应、脱钩效应和因果关联效应；其次，采用时间空间双固定空间误差模型（SEM）测度新疆 14 个地（州、市）碳排放外溢效应；再次，运用空间计量模型和碳足迹探究兵团高排放产业碳排放的时空变化；最后，采用碳排放脱钩模型和格兰杰因果关系检验对兵团高排放产业碳排放影响因素进行初步分析。本章通过定性与定量得出的主要研究结论如下。

（1）采用时间空间双固定空间误差模型（SEM）测度新疆 14 个地（州、市）碳排放外溢效应发现，在地理距离矩阵下新疆 14 个地（州、市）碳排放的空间效应更多体现为一种此消彼长趋势，且各地（州、市）的碳排放水平具有显著的空间依赖性，即本地区的碳排放水平会随着邻近地（州、市）的碳排放水平的升高而降低，通过更换空间邻接矩阵、经济距离矩阵以及经济地理矩阵等一系列稳健性检验后该结论依然成立。

（2）从空间角度分析兵团碳排放外溢效应发现，随着兵团邻近师的碳排放水平的升高，本师的碳排放水平会降低；产业结构、产业规模、能源结构和能源强度对兵团各师碳排放影响均显著为正。

（3）从兵团高排放产业碳足迹中得出：一方面，从总体分析发现，兵团高排放产业主要能源利用的总碳足迹呈现上升的趋势，其中煤炭的贡献率比重过大，以天然气为代表的清洁能源的贡献率比重过小；另一方面，分行业分析发现，兵团高排放产业中"电力、热力生产和供应业，化学原料及化学制品制造业，石油、煤炭及其他燃料加工业"能源利用的碳足迹既是兵团高排放产业主要能源利用总碳足迹的主要组成部分，也是煤炭利用碳足迹的主要组成部分，应重点对"电力、热力生产和供应业，化学原料及化学制品制造业，石油、煤炭及其他燃料加工业"的能源结构进行改造和革新。

（4）从兵团高排放产业碳排放脱钩效应得出：一方面，总体上兵团高排放产业经济增长与能源消耗碳排放间的脱钩类型主要以弱脱钩和扩张负脱钩为主，其脱钩状态并未从弱脱钩状态顺利转向强脱钩状态；另一方面，分行业分析发现，兵团控制和消减高排放产业煤炭消耗总量的效果显著，70% 的高排放产业碳排放与经济增长的脱钩状态有所改善或保持稳定，但还需对隶属于六大高耗能产业中的"电力、热力生产和供应业，非金属矿物制品业，化学纤维制造业"的碳排放量进一步管控，以提高兵团高排放产业碳排放控制能力。

（5）从兵团高排放产业碳排放因果关联效应得出：一方面，从总体分析发现，兵团高排放产业能源消耗是影响碳排放量的直接原因，产业结构对碳排放量的影响存在一定的时效性；另一方面，分行业分析发现，能源消耗对兵团高排放产业碳排放量影响较大的有化学原料及化学制品制造业，产业结构对兵团高排放产业碳排放量影响较大的有食品制造业、化学原料及化学制品制造业。

第6章 兵团高排放产业碳排放的影响因素分析 ///////////////////////////

本章在第 4 章的基础上，基于高排放产业识别以及碳排放测度，进一步构建 LMDI 模型，运用扩展的 Kaya 恒等式与 LMDI 模型相结合的分解分析法，参考 Ang（2016）和多位学者的研究（李珊珊等，2019；孙建，2018），选取能源结构因素、能耗强度因素、产业结构因素、产业规模因素作为影响高排放产业碳排放的四类因素，对 2005—2018 年兵团高排放产业碳排放进行影响因素分析；并进一步采用 STIRPAT 法验证 LMDI 分解法回归的稳健性，以确保模型建立的科学性与有效性。

6.1 数据来源及模型简介

6.1.1 数据来源

本章中兵团整体及各产业的碳排放量数据均由第 4 章测算得出。因而，碳排放及其影响因素的数据来源主要体现在如下两方面。

6.1.1.1 能源数据

（1）碳排放量（C）：碳排放的主要来源是各类能源的消耗，由于兵团各产业能源消耗数据的缺失，所以主要探讨煤、石油、天然气三种常见能源的碳排放总量。这三种能源的消耗占比较高，产生的碳排放总量较大，因此这三种能源的碳排放总量能够有效表示兵团整体和各产业的碳排放发展现状。

（2）能源结构（EC）：第 i 产业中能源消耗占总能源消耗的比重，即煤、石油、天然气三种能源消耗量在总能源消耗量中的占比。

（3）能耗强度（EI）：单位 GDP 的能源消耗量。

6.1.1.2 外部性影响数据

（1）产业结构（IP）：第 i 产业 GDP 占高排放产业 GDP 的比值。

（2）产业规模（Y）：以 2005 年为基期计算各年度的实际 GDP，以实际 GDP 表示地区生产总值。

以上有关经济产业、能源与人口的数据均取自 2006—2019 年《兵团统计年鉴》。

6.1.2 模型简介

本节基于扩展的 Kaya 恒等式与 LMDI 模型相结合的分解分析法，对高排放产业碳排放的各类要素进行影响因素分解。在第 1 章有关碳排放影响因素研究的文献梳理中可以发现，分解分析法是国内外学者较为常用的研究方法。该方法基于分解原理，将被解释变量进行简单式的计算处理，从而实现复杂问题的简易化分析。常见的有关影响因素分解法主要有结构分解法和指数分解法，其中指数分解法的应用较为普遍。

指数分解法是对被解释变量或目标变量进行分解，并同时对所有的影响因素进行分离及定量描述，从而能够较为明确地反映出各个影响因素对目标变量的影响效应大小。此外，在指数分解法中最为常用的是 Lespeyres 及 Divisia 指数分解方法（孙建，2018）。然而，这两种方法均存在一定的不足，即两者的因素分解会留有残差，从而影响估计结果的准确性。因此，为提高估计结果的准确性，本章基于扩展的 Kaya 恒等式构建指数分解模型，进而研究兵团高排放产业整体及分行业碳排放的各个影响因素。

6.2 兵团高排放产业整体碳排放的 LMDI 模型构建与因素分解

6.2.1 兵团高排放产业整体碳排放影响因素的 LMDI 模型构建

综合现有的相关文献，可以发现能够影响碳排放的因素较多。针对高排放产业而言，不同的产业结构、产业规模、能源结构、能耗强度等存在一定的差异，且各因素对不同的高排放产业碳排放的影响同样存在差异。本节通过对高排放产业的碳排放影响因素进行分解，探究各影响因素的具体作用，以便于准确掌握高排放产业的碳排放产生的异同点，以期为相关部门和工业企业制定可用的碳减排措施提供具有建设性的政策建议。

碳排放定量研究模型中，应用最为广泛的是日本学者 Kaya 在 1989 年提出的 Kaya 恒等式，其在碳排放与经济发展、产业结构、技术进步等因素之间建立相互的定量关系。根据 Kaya 恒等式，并结合研究碳排放影响因素的相关文献，工业的碳排放量恒等式为：

$$C = \frac{C}{E} \times \frac{E}{Y} \times Y \qquad (6-1)$$

其中，C 表示工业碳排放量，E 表示工业能源消费量，Y 表示工业产值。

对 Kaya 恒等式进行衍化，得到工业年度碳排放量恒等式如下：

$$C = \sum_{i=1}^{10} \frac{C_i}{E_i} \times \frac{E_i}{Y_i} \times \frac{Y_i}{Y} = \sum_{i=1}^{10} EC_i \times EI_i \times IP_i \times Y \qquad (6-2)$$

其中，$i = 1, 2, \cdots, 10$，表示兵团十大高排放产业；$EC_i = C_i / E_i$，表示某产业单位标准煤量产生碳排放的系数；$EI_i = E_i / Y_i$，表示某产业单位产值的能耗；$IP_i = Y_i / Y$，表示某产业占十大高排放产业的比重。十大高排放产业某年相对于基期的碳排放变化量等于这 4 种因素的积。

$$\Delta C = \Delta EC \times \Delta EI \times \Delta IP \times \Delta Y \qquad (6-3)$$

其中，ΔEC 表示能源结构对碳排放量变化的贡献度，ΔEI 表示能耗强度对碳排放量变化的贡献度，ΔIP 表示产业结构对碳排放量变化的贡献度，ΔY 表示产业规模对碳排放量变化的贡献度。根据 LMDI 分解法，可得到 4 种因素的计算公式如下：

$$\Delta EC = \sum_{i=1}^{10} (C_{it} - C_{i0}) \div \ln\left(\frac{C_{it}}{C_{i0}}\right) \times \ln\left(\frac{EC_{it}}{EC_{i0}}\right) \qquad (6-4)$$

$$\Delta EI = \sum_{i=1}^{10} (C_{it} - C_{i0}) \div \ln\left(\frac{C_{it}}{C_{i0}}\right) \times \ln\left(\frac{EI_{it}}{EI_{i0}}\right) \qquad (6-5)$$

$$\Delta IP = \sum_{i=1}^{10} (C_{it} - C_{i0}) \div \ln\left(\frac{C_{it}}{C_{i0}}\right) \times \ln\left(\frac{IP_{it}}{IP_{i0}}\right) \qquad (6-6)$$

$$\Delta Y = \sum_{i=1}^{10} (C_{it} - C_{i0}) \div \ln\left(\frac{C_{it}}{C_{i0}}\right) \times \ln\left(\frac{Y_{it}}{Y_{i0}}\right) \qquad (6-7)$$

其中，C_{it} 与 C_{i0} 分别表示第 i 个产业第 t 期与选取的基期的碳排放量，EC_{it} 与 EC_{i0} 分别表示第 i 个产业第 t 期与选取的基期的综合能源碳排放系数，EI_{it} 与 EI_{i0} 分别表示第 i 个产业第 t 期与选取的基期的能耗强度，IP_{it} 与 IP_{i0} 分别表示第 i 个产业第 t 期与选取的基期的产值占比，Y_{it} 与 Y_{i0} 分别表示第 i 个产业第 t 期与选取的基期的产值。

6.2.2　兵团高排放产业整体碳排放影响因素的 LMDI 分解

由表 6-1 可知，在整体碳排放影响上，能源结构因素和产业结构因素对高排放产业碳排放增加的正效应逐渐增强，能耗强度是抑制碳排放增加的关键因素，产业规模是促进高排放产业碳排放增加的主要因素。其中，兵团高排放产业的产业规模效应对碳排放增加的贡献度最大，为 119.10％；而能耗强度效应对碳排放减少的贡献度最大，为 36.82％（图 6 - 1）。

表 6 - 1 2006—2018 年兵团十大高排放产业碳排放 LMDI 分解结果

年份	ΔC（万吨）	ΔEC 能源结构（万吨）	$\Delta EC/\Delta C$ 贡献度（％）	ΔEI 能耗强度（万吨）	$\Delta EI/\Delta C$ 贡献度（％）	ΔIP 产业结构（万吨）	$\Delta IP/\Delta C$ 贡献度（％）	ΔY 产业规模（万吨）	$\Delta Y/\Delta C$ 贡献度（％）
2006 年	102.78	−6.23	−6.06	−71.22	−69.29	4.11	4.00	116.92	113.76
2007 年	283.15	−5.85	−2.07	−143.01	−50.51	105.97	37.43	326.04	115.15
2008 年	367.47	−26.03	−7.08	−217.55	−59.20	132.61	36.09	478.45	130.20
2009 年	628.02	−49.09	−7.82	−219.47	−34.95	176.64	28.13	719.94	114.64
2010 年	720.48	−72.31	−10.04	−325.98	−45.24	160.63	22.29	958.15	132.99
2011 年	1 065.97	−58.13	−5.45	−411.70	−38.62	192.63	18.07	1 343.17	126.00
2012 年	1 243.62	−47.75	−3.84	−518.35	−41.68	153.27	12.32	1 656.45	133.20
2013 年	1 949.37	38.88	1.99	−524.81	−26.92	135.48	6.95	2 299.83	117.98
2014 年	2 474.33	112.74	4.56	−491.00	−19.84	98.27	3.97	2 754.32	111.32
2015 年	2 800.69	125.16	4.47	−639.56	−22.84	105.17	3.76	3 209.91	114.61
2016 年	3 430.09	220.57	6.43	−686.32	−20.01	146.55	4.27	3 749.30	109.31
2017 年	3 469.63	202.17	5.83	−796.61	−22.96	148.59	4.28	3 915.48	112.85
2018 年	3 307.18	189.57	5.73	−879.00	−26.58	148.86	4.50	3 847.75	116.35

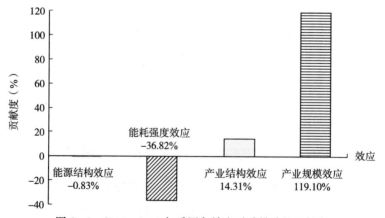

图 6 - 1 2006—2018 年兵团各效应对碳排放的贡献度

（1）能源结构因素对碳排放增加的正效应逐渐增强。2006—2012 年兵团十大高排放产业碳排放的能源结构效应均为负值，说明该因素对兵团高排放产业的碳排放起到抑制作用；而 2013—2018 年兵团能源结构效应转为正值，说明能源结构效应导致兵团碳排放逐年增加。这意味着当前兵团十大高排放产业能源结构并未有实质性的改善，煤炭类能源消耗占比始终保持较大比重，而煤炭类能源产业对环境造成的污染比其他四类能源产业对环境造成的污染更高，即兵团高排放产业的能源结构不合理。

（2）能耗强度是抑制碳排放增加的关键因素。一方面，科技水平的提高和管理规范化引导企业通过技术升级改进生产工艺水平，进而降低生产成本，在客观上降低了碳排放。另一方面，相关部门出台政策鼓励企业引进先进生产设备和升级工艺水平，并加强节能宣传，2012 年之后高排放产业的能耗强度的负效应减弱，说明兵团的企业科技水平即将面临"瓶颈期"，为避免技术升级"亮红灯"，兵团需进一步改进工业生产中废水、废气和固体废弃物排放的清洁生产工艺水平。从对碳排放贡献度来看，降低能耗强度依旧是高排放产业碳减排最主要的途径。

（3）产业结构因素对碳排放增加的正效应逐渐增强。兵团高排放产业对兵团工业整体的经济总量贡献度较高。2012 年，自兵团建立完善战略性新兴产业企业库、项目库和产品库以来，全力推动互联网、大数据、人工智能和实体经济深度融合，着力打造有特色的新材料、新能源、生物医药、先进装备制造等战略性新兴产业集群，使得兵团产业结构得到优化。2012 年后高排放产业对兵团工业的贡献不断降低，说明不断优化工业结构，重点发展电子信息、生物医药等低排放高产出的产业有助于高排放产业的低碳发展。

（4）产业规模是促进高排放产业碳排放增加的主要影响因素。产业规模因素对碳排放的贡献度不断增长，十大高排放产业的产值仍在不断增大。这意味着为扩大高排放产业的产业规模，势必会加大能源消耗，引起高排放产业碳排放的持续上升，即兵团以工业化和城市化为特征的经济发展会引致碳排放的增加，因此兵团碳排放的增长是经济发展所带来的伴随结果。从分解结果来看，2006—2018 年兵团产业规模效应为正值，表明兵团经济增长直接导致碳排放的逐年增加。因此，兵团发展战略性新兴产业，限制甚至关停高排放产业企业，将是兵团高排放产业低碳发展的关键环节。

6.3 兵团高排放产业分行业碳排放的 LMDI 模型构建与因素分解

鉴于兵团十大高排放产业具有各自的特点，不同高排放产业的产业结构、产业规模、能源结构、能耗强度等对碳排放的影响程度不尽相同，因此探究高排放产业分行业碳排放的影响因素，有助于对具体的高排放产业主体制定更有高可行性、强针对性的碳减排政策。

6.3.1 兵团高排放产业分行业碳排放影响因素的 LMDI 模型构建

根据式（6-1），为得到各产业更加细分的内部能源结构、技术水平等因素对碳排放的影响，对 Kaya 恒等式作如下改进：

$$c = \sum_{i=1}^{3} \frac{c_i}{e_i} \times \frac{e_i}{e} \times \frac{e}{y} \times y \qquad (6-8)$$

其中，$i=1$，2，3，分别表示煤、石油、天然气三种常见能源的碳排放总量；c_i 表示此产业 i 种能源的碳排放量，e_i 表示此产业 i 种能源的消耗量，e 为此产业能源消耗总量，y 为此产业的工业总产值。基于此，第 n 个产业的碳排放改变量可表示为：

$$\Delta cn = \Delta ec_n \times \Delta es_n \times \Delta ei_n \times \Delta y_n \qquad (6-9)$$

其中，$n=1$，2，3，…，10，分别表示电力、热力生产和供应业，纺织业，非金属矿物制品业，黑色金属冶炼和压延加工业等十大高排放产业；Δec_n 代表 n 产业碳排放系数改变的贡献度，Δes_n 代表 n 产业能源结构改变的贡献度，Δei_n 代表 n 产业能耗强度改变的贡献度，Δy_n 代表 n 产业工业产值改变的贡献度。在计算中，碳排放系数取的是兵团温室气体排放清单平均值，为不变量，故 $\Delta ec_n=0$。由 LMDI 分解法，构造如下函数：

$$\Delta es = \sum_{i=1}^{3} (c_{it} - c_{i0}) \div \ln\left(\frac{c_{it}}{c_{i0}}\right) \times \left(\frac{ec_{it}}{ec_{i0}}\right) \qquad (6-10)$$

$$\Delta ei = \sum_{i=1}^{3} (c_{it} - c_{i0}) \div \ln\left(\frac{c_{it}}{c_{i0}}\right) \times \left(\frac{es_{it}}{es_{i0}}\right) \qquad (6-11)$$

$$\Delta y = \sum_{i=1}^{3} (c_{it} - c_{i0}) \div \ln\left(\frac{c_{it}}{c_{i0}}\right) \times \left(\frac{y_{it}}{y_{i0}}\right) \qquad (6-12)$$

其中，c_{it} 和 c_{i0} 分别表示产业 t 期和 0 期的碳排放量，es_{it} 和 es_{i0} 分别表示产业 t 期和 0 期的第 i 种能源消耗占该产业总能源消耗的百分比，ei_{it} 和 ei_{i0} 分别

表示产业 t 期和 0 期的能耗强度，y_t 和 y_0 分别表示产业 t 期和 0 期的工业产值。

6.3.2　兵团十大高排放产业单行业碳排放 LMDI 分解结果

（1）电力、热力生产和供应业的碳排放因素分解结果。兵团电力、热力生产和供应业的碳排放逐年增加，其能耗强度是该产业碳排放减少的主要因素，能源结构和产业规模因素对该产业碳排放的增加均有拉动作用（表 6-2）。近年来电力、热力生产和供应业在调整能源结构方面初见成效。能耗强度是该产业碳排放减少的主要因素，说明该产业的先进生产设备和先进工艺水平对实现节能减排作用显著；产业规模因素是该产业碳排放增加的主要因素，说明该产业在经济上的蓬勃发展反过来带动了大量的能源消耗和碳排放，因此兵团电力、热力生产和供应业碳排放的增长是经济发展所带来的伴随结果。

表 6-2　兵团电力、热力生产和供应业碳排放 LMDI 分解结果

年份	Δc（万吨）	Δes（万吨）	$\Delta es/\Delta c$（％）	Δei（万吨）	$\Delta ei/\Delta c$（％）	Δy（万吨）	$\Delta y/\Delta c$（％）
2006 年	49.23	664.36	1 349.50	−776.21	−1 576.57	161.08	327.20
2007 年	1 276.64	446.66	34.99	−725.53	−56.83	1 555.51	121.84
2008 年	1 228.76	648.18	52.75	−1 288.05	−104.83	1 868.63	152.07
2009 年	2 661.44	769.57	28.92	−1 349.61	−50.71	3 241.49	121.79
2010 年	3 424.67	622.58	18.18	−1 454.23	−42.46	4 256.32	124.28
2011 年	4 711.54	586.65	12.45	−1 979.81	−42.02	6 104.69	129.57
2012 年	7 534.27	727.00	9.65	−3 846.42	−51.05	10 653.68	141.40
2013 年	10 268.13	653.26	6.36	−3 705.00	−36.08	13 319.86	129.72
2014 年	11 474.09	699.21	6.09	−4 320.19	−37.65	15 095.06	131.56
2015 年	15 050.41	1 000.60	6.65	−5 444.60	−36.18	19 494.42	129.53
2016 年	19 002.85	1 092.34	5.75	−5 407.21	−28.45	23 317.71	122.71
2017 年	20 727.49	1 954.21	9.43	−6 680.95	−32.23	25 454.23	122.80
2018 年	24 367.61	3 246.26	13.32	−8 320.11	−34.14	29 441.46	120.82

（2）纺织业的碳排放因素分解结果。兵团纺织业的碳排放不存在逐年增加的趋势，其能源结构因素和能耗强度因素对该产业碳排放的增加均具有抑制作

用（表6-3）。近年来该产业在调整能源结构、优化纺织工艺水平方面成效显著；而产业规模因素是该产业碳排放难以大幅降低的主要因素，说明纺织业产业的规模扩大，不仅不能将经济效应最大化，而且依然会带来碳排放。因此，为降低兵团纺织业的碳排放，应继续充分发挥其能源结构效应与能耗强度效应。

表6-3 兵团纺织业碳排放 LMDI 分解结果

年份	Δc (万吨)	Δes (万吨)	$\Delta es/\Delta c$ (％)	Δei (万吨)	$\Delta ei/\Delta c$ (％)	Δy (万吨)	$\Delta y/\Delta c$ (％)
2006 年	−3.14	−4.80	152.87	−14.21	452.55	15.87	−505.41
2007 年	−13.05	−22.02	168.74	−21.64	165.82	30.61	−234.56
2008 年	−16.59	−28.51	171.85	−19.90	119.95	31.82	−191.80
2009 年	1.31	−28.84	−2 201.53	−19.09	−1 457.25	49.24	3 758.78
2010 年	17.36	−39.08	−225.12	−39.74	−228.92	96.18	554.03
2011 年	−1.36	−29.78	2 189.71	−53.92	3 964.71	83.56	−6 144.12
2012 年	10.96	−42.07	−383.85	−50.19	−457.94	103.22	941.79
2013 年	5.20	−34.40	−661.54	−56.24	−1 081.54	95.84	1 843.08
2014 年	10.63	−22.55	−212.14	−66.30	−623.71	99.47	935.75
2015 年	6.21	−33.16	−533.98	−66.66	−1 073.43	106.04	1 707.57
2016 年	−18.93	−52.33	276.44	−73.82	389.96	107.21	−566.35
2017 年	−43.81	−66.57	151.95	−55.85	127.48	78.61	−179.43
2018 年	−58.11	−70.10	120.63	−35.76	61.54	47.75	−82.17

（3）非金属矿物制品业的碳排放因素分解结果。兵团非金属矿物制品业的碳排放呈现倒 U 形增加趋势，且能源结构、能耗强度因素对该产业碳排放的抑制作用增强，而产业规模效应表现为较强的碳排放拉动作用（表6-4）。该产业的能源结构因素、能耗强度因素自 2012 年起对该产业碳排放的增加均具有抑制作用，但由于该产业的产业规模效应对其碳排放的增加具有很强的拉动作用，且这是非金属矿物制品业碳排放增加的主要原因，说明该产业在经济上的蓬勃发展反过来带动了大量的能源消耗和碳排放，因此兵团非金属矿物制品业碳排放的增长也是经济发展所带来的伴随结果。

表 6－4　兵团非金属矿物制品业碳排放 LMDI 分解结果

年份	Δc （万吨）	Δes （万吨）	$\Delta es/\Delta c$ （%）	Δei （万吨）	$\Delta ei/\Delta c$ （%）	Δy （万吨）	$\Delta y/\Delta c$ （%）
2006 年	202.63	85.76	42.32	－198.91	－98.16	315.77	155.84
2007 年	225.75	47.24	20.93	－344.98	－152.82	523.49	231.89
2008 年	371.06	49.39	13.31	－580.66	－156.49	902.33	243.18
2009 年	577.08	46.58	8.07	－685.46	－118.78	1 215.96	210.71
2010 年	826.24	27.37	3.31	－1 069.19	－129.40	1 868.06	226.09
2011 年	951.35	25.62	2.69	－1 310.79	－137.78	2 236.51	235.09
2012 年	1 247.02	－28.65	－2.30	－1 398.12	－112.12	2 673.79	214.41
2013 年	1 405.23	－125.72	－8.95	－1 679.13	－119.49	3 210.08	228.44
2014 年	994.32	－165.51	－16.65	－1 782.11	－179.23	2 941.95	295.88
2015 年	211.96	－342.14	－161.42	－1 715.45	－809.34	2 269.55	1 070.74
2016 年	551.12	－256.78	－46.59	－1 986.53	－360.46	2 794.42	507.04
2017 年	677.28	－218.07	－32.20	－2 141.60	－316.21	3 036.94	448.40
2018 年	742.68	－184.64	－24.86	－2 240.54	－301.68	3 367.85	453.47

（4）黑色金属冶炼和压延加工业的碳排放因素分解结果。兵团黑色金属冶炼和压延加工业的碳排放具有降低的趋势，且其能源结构是增加该产业碳排放的关键因素，而能耗强度因素与产业规模因素均是该产业碳排放增加的重要因素（表 6－5）。由此说明，该产业的先进生产设备和先进工艺水平对实现节能减排作用显著，经济快速发展反而带动了大量能源消耗和巨量碳排放，因此兵团黑色金属冶炼和压延加工业碳排放的增长是经济发展所带来的伴随结果，而优化该产业冶炼技术将是降低碳排放的"突破口"。

表 6－5　兵团黑色金属冶炼和压延加工业碳排放 LMDI 分解结果

年份	Δc （万吨）	Δes （万吨）	$\Delta es/\Delta c$ （%）	Δei （万吨）	$\Delta ei/\Delta c$ （%）	Δy （万吨）	$\Delta y/\Delta c$ （%）
2006 年	8.61	－46.48	－539.84	36.98	429.50	18.11	210.34
2007 年	3.81	－61.64	－1 617.85	21.52	564.83	43.93	1 153.02
2008 年	－1.06	－56.70	5 349.06	10.85	－1 022.58	44.79	－4 225.47
2009 年	12.25	－72.35	－590.61	21.26	173.55	63.33	516.98

（续）

年份	Δc （万吨）	Δes （万吨）	$\Delta es/\Delta c$ （%）	Δei （万吨）	$\Delta ei/\Delta c$ （%）	Δy （万吨）	$\Delta y/\Delta c$ （%）
2010 年	−12.86	−81.57	634.29	7.32	−56.92	61.39	−477.37
2011 年	−32.18	−85.29	265.04	0.46	−1.43	52.65	−163.61
2012 年	−25.80	−92.39	358.10	−9.63	37.33	76.22	−295.43
2013 年	−4.14	−132.61	3 203.14	5.76	−139.13	122.71	−2 964.01
2014 年	30.19	−204.59	−677.67	24.81	82.18	209.97	695.50
2015 年	−3.97	−140.91	3 549.37	25.99	−654.66	110.94	−2 794.46
2016 年	−15.66	−136.96	874.58	20.00	−127.71	101.29	−646.81
2017 年	47.31	−215.52	−455.55	20.81	43.99	242.02	511.56
2018 年	1.30	−181.52	−13 963.08	5.40	415.38	177.42	13 647.69

（5）化学纤维制造业的碳排放因素分解结果。兵团化学纤维制造业的碳排放逐年增加，且其能源结构和产业规模因素对该产业碳排放的带动作用明显，能耗强度因素是该产业碳排放减少的主要因素（表6-6）。由此说明，该产业的先进生产设备和先进工艺水平对实现节能减排作用显著，产业规模因素是该产业碳排放增加的主要因素，该产业经济发展带动了能源的大量消耗和大量碳排放，因此兵团化学纤维制造业碳排放的增长是经济发展所带来的伴随结果。

表6-6　兵团化学纤维制造业碳排放 LMDI 分解结果

年份	Δc （万吨）	Δes （万吨）	$\Delta es/\Delta c$ （%）	Δei （万吨）	$\Delta ei/\Delta c$ （%）	Δy （万吨）	$\Delta y/\Delta c$ （%）
2006 年	−3.73	1.41	−37.80	−3.04	81.50	−2.09	56.03
2007 年	−7.59	0.50	−6.59	−19.24	253.49	11.15	−146.90
2008 年	5.35	0.63	11.78	−29.17	−545.23	33.90	633.64
2009 年	7.90	−27.58	−349.11	−27.88	−352.91	63.36	802.03
2010 年	3.18	−29.92	−940.88	−34.49	−1 084.59	67.59	2 125.47
2011 年	106.95	−14.12	−13.20	−71.31	−66.68	192.39	179.89
2012 年	−5.79	−0.18	3.11	−30.56	527.81	24.96	−431.09
2013 年	42.91	2.08	4.85	−51.55	−120.14	92.38	215.29
2014 年	20.67	−1.93	−9.34	−50.03	−242.04	72.63	351.38

（续）

年份	Δc （万吨）	Δes （万吨）	$\Delta es/\Delta c$ （%）	Δei （万吨）	$\Delta ei/\Delta c$ （%）	Δy （万吨）	$\Delta y/\Delta c$ （%）
2015 年	33.82	−3.16	−9.34	−81.86	−242.05	118.84	351.39
2016 年	162.60	2.75	1.69	−93.86	−57.72	253.71	156.03
2017 年	170.88	2.93	1.71	−92.80	−54.31	260.75	152.59
2018 年	234.52	3.01	1.28	−139.57	−59.51	341.09	145.44

（6）化学原料及化学制品制造业的碳排放因素分解结果。兵团化学原料及化学制品制造业的碳排放逐年大幅增加，且其能源结构因素、能耗强度因素和产业规模因素对该产业碳排放的增加均具有拉动作用（表6-7），兵团化学原料及化学制品制造业碳排放的增长也是经济发展所带来的伴随结果。化学原料及化学制品制造业的产业节能减排任务仍是未攻克的"难题"，而攻克难题的关键在于调整能源结构与升级化学制造业生产设备。

表6-7 兵团化学原料及化学制品制造业碳排放 LMDI 分解结果

年份	Δc （万吨）	Δes （万吨）	$\Delta es/\Delta c$ （%）	Δei （万吨）	$\Delta ei/\Delta c$ （%）	Δy （万吨）	$\Delta y/\Delta c$ （%）
2006 年	19.38	−0.21	−1.08	15.68	80.91	3.91	20.18
2007 年	41.95	−38.58	−91.97	31.77	75.73	48.77	116.24
2008 年	1 314.41	15.01	1.14	522.06	39.72	777.34	59.14
2009 年	2 294.81	41.92	1.83	858.09	37.39	1 394.80	60.78
2010 年	2 370.39	32.32	1.36	865.02	36.49	1 473.06	62.14
2011 年	4 374.38	145.12	3.32	1 443.32	32.99	2 785.94	63.69
2012 年	5 309.42	186.31	3.51	1 785.02	33.62	3 338.09	62.87
2013 年	5 572.98	166.99	3.00	1 806.32	32.41	3 599.67	64.59
2014 年	5 835.10	135.77	2.33	2 164.99	37.10	3 534.34	60.57
2015 年	8 983.80	355.71	3.96	3 234.01	36.00	5 394.09	60.04
2016 年	8 597.07	371.16	4.32	2 864.06	33.31	5 361.85	62.37
2017 年	8 317.02	365.92	4.40	2 656.84	31.94	5 294.26	63.66
2018 年	7 942.30	333.43	4.20	2 741.23	34.51	4 867.64	61.29

（7）煤炭开采和洗选业的碳排放因素分解结果。兵团煤炭开采和洗选业的碳排放呈现倒 U 形增加的趋势，且其能源结构因素和产业规模因素对该产业碳排放的增加具有拉动作用（表 6-8）。表明该产业碳排放的增长是产业规模扩大所带来的伴随结果，而当下该产业仍然需要调整产业能源结构从而使碳排放降低；能耗强度对该产业碳排放的增加具有抑制作用。从而可知，煤炭开采和洗选业行业的先进生产设备和先进工艺水平能够促进节能减排。

表 6-8　兵团煤炭开采和洗选业碳排放 LMDI 分解结果

年份	Δc（万吨）	Δes（万吨）	$\Delta es/\Delta c$（%）	Δei（万吨）	$\Delta ei/\Delta c$（%）	Δy（万吨）	$\Delta y/\Delta c$（%）
2006 年	8.61	-47.12	-547.27	25.26	293.38	30.47	353.89
2007 年	21.73	-52.59	-242.02	-10.72	-49.33	85.04	391.35
2008 年	49.34	-30.19	-61.19	-82.23	-166.65	161.77	327.87
2009 年	19.95	-49.84	-249.82	-83.92	-420.65	153.71	770.48
2010 年	46.13	21.03	45.59	-196.97	-426.99	222.07	481.40
2011 年	170.37	17.76	10.42	-231.65	-135.97	384.27	225.55
2012 年	384.21	22.81	5.94	-196.49	-51.14	557.89	145.20
2013 年	656.29	97.57	14.87	-188.43	-28.71	747.16	113.85
2014 年	1 497.43	449.87	30.04	-285.13	-19.04	1 332.69	89.00
2015 年	1 512.27	454.33	30.04	-287.96	-19.04	1 345.90	89.00
2016 年	1 327.89	451.16	33.98	-229.47	-17.28	1 106.21	83.31
2017 年	896.35	363.29	40.53	-314.57	-35.09	847.63	94.56
2018 年	696.18	238.70	34.29	-302.87	-43.50	760.35	109.22

（8）农副食品加工业的碳排放因素分解结果。兵团农副食品加工业的碳排放逐年增加，且其能源结构因素和产业规模因素对该产业碳排放的增加均有拉动作用，而能耗强度因素则体现对碳排放的抑制作用（表 6-9）。可见近年来该产业在调整能源结构方面欠佳，当下农副食品加工业的技术水平在实现节能减排上作用显著，其产业规模的扩大带来了能源的大量消耗和大量的碳排放，因此兵团农副食品加工业行业碳排放的增长亦是经济发展所带来的伴随结果。

表 6 - 9　兵团农副食品加工业碳排放 LMDI 分解结果

表 6 - 9　兵团农副食品加工业碳排放 LMDI 分解结果

年份	Δc（万吨）	Δes（万吨）	$\Delta es/\Delta c$（%）	Δei（万吨）	$\Delta ei/\Delta c$（%）	Δy（万吨）	$\Delta y/\Delta c$（%）
2006 年	115.72	86.57	74.81	−88.93	−76.85	118.09	102.05
2007 年	186.67	95.64	51.23	−34.13	−18.28	125.17	67.05
2008 年	160.06	98.64	61.63	−137.01	−85.60	198.43	123.97
2009 年	137.70	91.35	66.34	−253.53	−184.12	299.88	217.78
2010 年	196.08	103.47	52.77	−336.07	−171.39	428.68	218.63
2011 年	198.16	107.17	54.08	−365.91	−184.65	456.90	230.57
2012 年	235.54	103.91	44.12	−390.97	−165.99	522.60	221.87
2013 年	221.78	93.67	42.24	−473.04	−213.29	601.15	271.06
2014 年	308.64	128.12	41.51	−557.62	−180.67	738.15	239.16
2015 年	338.05	124.55	36.84	−638.22	−188.79	851.72	251.95
2016 年	323.12	85.59	26.49	−643.44	−199.14	880.97	272.64
2017 年	287.31	79.27	27.59	−640.86	−223.05	848.90	295.46
2018 年	205.24	35.88	17.48	−490.26	−238.87	659.63	321.39

（9）石油、煤炭及其他燃料加工业的碳排放因素分解结果。兵团石油、煤炭及其他燃料加工业的碳排放逐年大幅增加，且产业规模因素是该产业碳排放增加的主要因素，能源结构和能耗强度因素能够起到抑制作用（表 6 - 10）。由此看出，能源结构因素常年对该产业碳排放的增加具有拉动作用，2017 年后出现抑制作用表明该产业能源结构的改革初见成效；能耗强度对该产业碳排放的增加具有抑制作用，而产业规模因素是该产业碳排放增加的主要因素，说明该产业规模的扩大会带来碳排放的大量增加，这是石油、煤炭及其他燃料加工业发展所带来的伴随结果。

表 6 - 10　兵团石油、煤炭及其他燃料加工业碳排放 LMDI 分解结果

年份	Δc（万吨）	Δes（万吨）	$\Delta es/\Delta c$（%）	Δei（万吨）	$\Delta ei/\Delta c$（%）	Δy（万吨）	$\Delta y/\Delta c$（%）
2006 年	174.62	329.80	188.87	−399.08	−228.54	243.90	139.67
2007 年	493.98	569.64	115.32	−746.86	−151.19	671.19	135.87
2008 年	388.57	132.15	34.01	−707.45	−182.07	963.87	248.06
2009 年	448.06	119.13	26.59	−503.01	−112.26	831.94	185.68

（续）

年份	Δc （万吨）	Δes （万吨）	$\Delta es/\Delta c$ （％）	Δei （万吨）	$\Delta ei/\Delta c$ （％）	Δy （万吨）	$\Delta y/\Delta c$ （％）
2010 年	477.09	−180.87	−37.91	−670.74	−140.59	1 328.70	278.50
2011 年	1 652.85	−117.32	−7.10	−883.67	−53.46	2 653.84	160.56
2012 年	2 039.24	−291.63	−14.30	−801.00	−39.28	3 131.87	153.58
2013 年	6 866.87	169.40	2.47	−1 295.34	−18.86	7 992.82	116.40
2014 年	11 977.71	245.09	2.05	−1 025.66	−8.56	12 758.28	106.52
2015 年	10 588.78	318.93	3.01	−1 990.29	−18.80	12 260.14	115.78
2016 年	13 394.10	734.48	5.48	−1 956.82	−14.61	14 616.44	109.13
2017 年	13 042.22	−300.98	−2.31	−1 697.08	−13.01	15 040.28	115.32
2018 年	9 883.23	−1 040.89	−10.53	−1 932.05	−19.55	12 856.18	130.08

（10）食品制造业的碳排放因素分解结果。兵团食品制造业的碳排放逐年增加，且能耗强度和产业规模因素均带动了该产业碳排放的增加，能源结构因素对碳排放的抑制作用增强。从表 6-11 可以看出，能源结构因素对该产业碳排放增加的影响由"正"转为"负"，近年来该产业在调整能源结构方面初见成效；能耗强度对该产业碳排放增加的影响由"负"转为"正"，表明该产业的生产设备和工艺水平对降低碳排放的作用效果明显不足；而产业规模因素是该产业碳排放增加的主要因素，说明该产业在经济上的蓬勃发展反过来引致了大量能源消耗和巨量碳排放。因此，兵团食品制造业碳排放的增长还是经济发展所带来的伴随结果。

表 6-11 兵团食品制造业碳排放 LMDI 分解结果

年份	Δc （万吨）	Δes （万吨）	$\Delta es/\Delta c$ （％）	Δei （万吨）	$\Delta ei/\Delta c$ （％）	Δy （万吨）	$\Delta y/\Delta c$ （％）
2006 年	29.87	0.36	1.21	−43.46	−145.50	72.97	244.29
2007 年	203.35	8.63	4.24	−22.20	−10.92	216.93	106.68
2008 年	233.97	16.80	7.18	−35.60	−15.22	252.77	108.04
2009 年	276.35	22.86	8.27	−13.33	−4.82	266.82	96.55
2010 年	283.58	6.83	2.41	−99.47	−35.08	376.22	132.67
2011 年	373.31	18.79	5.03	−113.93	−30.52	468.45	125.49

（续）

年份	Δc （万吨）	Δes （万吨）	$\Delta es/\Delta c$ （%）	Δei （万吨）	$\Delta ei/\Delta c$ （%）	Δy （万吨）	$\Delta y/\Delta c$ （%）
2012 年	271.27	15.70	5.79	−93.33	−34.40	348.89	128.61
2013 年	893.93	−1.36	−0.15	114.59	12.82	780.69	87.33
2014 年	844.34	−97.51	−11.55	83.43	9.88	858.42	101.67
2015 年	989.61	−101.44	−10.25	73.98	7.48	1 017.07	102.77
2016 年	1 019.84	−125.86	−12.34	107.43	10.53	1 038.27	101.81
2017 年	1 120.28	−129.29	−11.54	140.58	12.55	1 108.99	98.99
2018 年	1 090.43	−138.27	−12.68	134.10	12.30	1 094.59	100.38

6.3.3 兵团十大高排放产业碳排放 LMDI 分阶段分解结果

根据表 6 - 12 和表 6 - 13 中兵团十大高排放产业的碳排放因素分解结果，选择以 2006 年为基期、2006—2012 年末为第一阶段，2012 年为基期、2012—2018 年末为第二阶段，分阶段探究兵团十大高排放产业分行业碳排放的影响因素。

表 6 - 12 兵团十大高排放产业 2018 年相对 2012 年碳排放因素分解结果

行业	Δc （万吨）	Δes （万吨）	$\Delta es/\Delta c$ （%）	Δei （万吨）	$\Delta ei/\Delta c$ （%）	Δy （万吨）	$\Delta y/\Delta c$ （%）
电力、热力生产和供应业	1 258.30	236.96	18.83	−110.53	−8.78	1 131.93	89.96
化学原料及化学制品制造业	196.53	33.12	16.85	100.16	50.96	63.43	32.27
石油、煤炭及其他燃料加工业	586.34	−32.92	−5.61	36.30	6.19	582.99	99.43
非金属矿物制品业	−22.81	−19.25	84.39	−118.10	517.76	114.58	−502.32
食品制造业	61.24	−20.58	−33.61	39.93	65.20	41.87	68.37
黑色金属冶炼和压延加工业	2.03	−1.81	−89.16	1.00	49.26	2.84	139.90
农副食品加工业	−2.35	−7.21	306.81	−13.15	559.57	18.06	−768.51
纺织业	−5.20	−4.79	92.12	−1.69	32.50	1.31	−25.19
煤炭开采和洗选业	23.32	78.04	334.65	−4.09	−17.54	−3.05	−13.08
化学纤维制造业	17.97	2.25	12.52	4.28	23.82	11.43	63.61

表 6 - 13 兵团十大高排放产业 2012 年相对 2006 年碳排放因素分解结果

行业	Δc (万吨)	Δes (万吨)	$\Delta es/\Delta c$ (%)	Δei (万吨)	$\Delta ei/\Delta c$ (%)	Δy (万吨)	$\Delta y/\Delta c$ (%)
电力、热力生产和供应业	559.56	−61.07	−10.91	−154.65	−27.64	775.29	138.55
化学原料及化学制品制造业	395.36	20.26	5.12	66.95	16.93	308.18	77.95
石油、煤炭及其他燃料加工业	139.39	−94.37	−67.70	14.58	10.46	219.18	157.24
非金属矿物制品业	77.98	−13.36	−17.13	−91.09	−116.81	182.47	234.00
食品制造业	18.02	1.25	6.94	−1.18	−6.55	17.97	99.72
黑色金属冶炼和压延加工业	−2.57	−5.37	208.95	−2.64	102.72	5.44	−210.67
农副食品加工业	8.95	−0.17	−1.90	−26.84	−299.89	35.96	401.79
纺织业	1.05	−2.68	−255.24	−2.51	−239.05	6.24	594.29
煤炭开采和洗选业	28.07	11.16	39.76	−36.17	−128.86	37.19	132.49
化学纤维制造业	−0.15	−0.10	66.67	−1.80	1 200.00	1.74	−1 160.00

从第一阶段到第二阶段，50%的高排放产业碳排放的变化量增加；产业规模因素是促进高排放产业碳排放增加的主要因素，该因素对电力、热力生产和供应业碳排放增加的拉动作用最大；能源结构因素和能耗强度因素对不同高排放产业会带来不同的影响，其中能源结构因素对电力、热力生产和供应业碳排放增加的拉动作用最大，能耗强度因素对非金属矿物制品业碳排放增加的拉动作用最大。"十二五"时期以来，新疆积极促进发展方式和生产方式转变，兵团培育发展战略性新兴产业的"口号"也愈发响亮，但兵团难以将资源消耗少的高技术产业"落地"，战略性新兴产业匮乏，仅少数地区的新能源产业、生物农业产业等重点领域取得突破，因此多数产业的碳排放出现易增难减的态势。西部大开发战略促进兵团区域经济蓬勃发展，这是兵团产业碳排放上升的重要成因；而目前行业领域的各项技术依然存在发展空间，降低能耗强度且调整其能源结构将成为兵团高排放产业节能减排的必由之路。下面进行具体分析。

（1）电力、热力生产和供应业碳排放增量两阶段均排名第一，其能耗强度是抑制碳排放增加的主要因素；产业规模是拉动碳排放增加的主要因素，贡献率为 89.96%；能源结构因素次之。这说明满足本地经济发展的需求是产业碳排放上升的重要原因，而兵团电力等领域的节能技术与新能源技术依然有进步发展空间，调整其能源结构将成为该行业碳减排的重要途径。

（2）石油、煤炭及其他燃料加工业第二阶段碳排放增量是 586.34 万吨，相较于第一阶段的增量（139.39 万吨）涨幅明显；能源结构因素的抑制作用减弱而产业规模因素的拉动作用增强，导致其碳排放增加。这与能源价格波动、碳减排成本上升相关，应加强对兵团企业能源使用、无序排放等情况的监督。

（3）能源结构、能耗强度及产业规模均是使化学原料及化学制品制造业碳排放增加的原因，生物制品产业是兵团战略性新兴产业的重要板块，且未来一段时期内其产业规模会继续扩大，故控制能耗强度和调整能源结构因素将是抑制其碳排放增长的关键。

（4）非金属矿物制品业的能源结构因素和能耗强度因素的抑制作用增强，贡献度分别为84.39％、517.76％；产业规模因素的拉动作用减弱，贡献度为－502.32％。一方面是受供给侧结构性改革去产能的影响，该产业发展规模受到限制；另一方面，非金属矿物制品业能源结构中煤类能源占比持续下降，清洁生产技术工艺持续改进。

（5）食品制造业能源结构因素是主要的碳减排原因，但能耗强度因素和产业规模因素的拉动作用使碳排放不减反增，说明兵团需大力提升食品制造业的先进技术，从而为高排放产业的"减排运动"领跑。

（6）煤炭开采和洗选业的能源结构因素是碳排放增加的主要原因，贡献度为334.65％，能耗强度因素和产业规模因素拉动作用不强。这表明兵团需对煤炭产业进行大力整顿，优化调整其能源结构。

（7）化学纤维制造业的产业规模是碳排放增加的主要原因，其能源结构与能耗强度因素均由第一阶段的抑制作用转为第二阶段的拉动作用，可见改变能源结构、落实纤维制造业的技术变革将是该产业减排的必经之路。

（8）农副食品加工业、纺织业、黑色金属冶炼和压延加工业三类高排放产业第二阶段碳排放增量分别为－2.35万吨、－5.20万吨、2.03万吨，产业规模因素均会对三种产业碳排放增加起到拉动作用；而能源结构因素均会抑制三类产业碳排放的增长，能耗强度因素会抑制农副食品加工业、纺织业碳排放的增长，但技术壁垒导致能源结构因素与能耗强度因素两者的负效应较微弱。

6.4　兵团高排放产业碳排放影响因素的稳健性检验

6.4.1　兵团高排放产业碳排放影响因素的整体稳健性验证

6.4.1.1　STIRPAT 模型构建

埃尔利希和霍顿在 19 世纪 70 年代初首次提出了 IPAT 理论，又被称为

IPAT 模型或 IPAT 等式，用以分析人文因素对环境的影响。IPAT 理论将影响因素归结为人口、经济、技术三个维度，并且是以乘积的形式对环境造成影响。该理论可以用式（6-13）表示：

$$I = P \times A \times T \tag{6-13}$$

其中，I 代表环境污染物对环境的影响程度，P 代表人口维度对环境的影响因素，A 代表经济维度对环境的影响因素，T 代表技术维度对环境的影响因素。

根据 IPAT 理论及本书选取的兵团高排放产业碳排放的影响因素，一方面，STIRPAT 模型的应用要求是从人口、经济以及技术维度选取环境影响因素，故将 STIRPAT 模型中的经济因素用兵团产业规模因素和产业结构因素表示，即选取能耗强度因素和能源结构因素来表征技术因素。另一方面，切实考虑到兵团各行业的人口数据的不可得性，剔除人口数量指标。因此，选取的四类兵团高排放产业碳排放影响因素，符合 STIRPAT 模型的应用要求。同时，参考类似 Dietz 和 Rosa（1997）的做法，将扩展后的 IPAT 模型变成随机形式，重构为扩展的 STIRPAT 模型，并取对数得到式（6-14）：

$$\ln c = a + b_1(\ln ec) + b_2(\ln ei) + b_3(\ln ip) + b_4 \ln(y) + m \tag{6-14}$$

其中，c 是碳排放量，y 是产业规模因素，ec 是能源结构因素，ei 是能耗强度因素，ip 是产业结构因素，a 是常数系数项，m 为残差；b_1、b_2、b_3、b_4 分别为各因素的弹性系数，代表相对应的影响因素指标对兵团碳排放的影响程度。兵团高排放产业整体碳排放影响因素的含义和量纲见表 6-14。

表 6-14　兵团高排放产业整体碳排放影响因素分析模型中各变量说明

变量	说明	单位
能源结构因素（ec）	以煤、石油、天然气三种能源消耗量和综合能源消耗量的比值来表示	
能耗强度因素（ei）	以产值能耗来表示	吨标准煤/万元
产业结构因素（ip）	以 i 产业 GDP 与十大高排放产业 GDP 的比值来表示	
产业规模因素（y）	以综合能源消耗量与产值能耗的比值来表示	万元

6.4.1.2　实证及结果分析

表 6-15 报告了 STIRPAT 模型式（6-14）计算的兵团十大高排放产业 2006—2018 年碳排放回归分析结果，即能源结构（ec）、能耗强度（ei）、产业结构（ip）、产业规模（y）对碳排放的影响。可以发现：能源结构因素、产

业规模因素、产业结构因素对兵团十大高排放产业碳排放量的增加均有拉动作用，能耗强度因素对碳排放量的增加具有显著抑制作用。

表 6 - 15　兵团十大高排放产业 2006—2018 年碳排放回归分析结果

变量	(1)	(2)	(3)	(4)	(5)	(6)
lnec	3.76*	4.70***	2.62***	0.29***	0.07***	1.00*
lnei	—	−3.75***	−4.34***	−0.83**	−0.82*	−1.00*
lnip	—	—	−2.54	−0.39	0.32**	0.06**
ln$y$	—	—	—	1.05***	0.91***	0.99***
constant	4.67**	6.29***	4.25**	−9.14**	−8.81**	−9.49**
R^2	0.205 6	0.771 1	0.795 8	0.995 2	0.996 1	0.999 8
Husman 检验（p）	3.21***	3.73**	4.01***	3.66***	125.76**	131.77**
时间固定	Yes	Yes	Yes	Yes	Yes	Yes
个体固定	Yes	Yes	Yes	Yes	No	Yes

注：***、**、* 分别表示在 1%、5%、10% 的水平上显著。

其中，表 6 - 15 中的第（1）列、第（2）列、第（3）列、第（4）列为采用双向固定效应回归并以逐步回归法将变量依次放入得到的估计结果，第（5）列为采用时间固定效应回归得到的估计结果，第（6）列为双向固定效应回归得到的估计结果。四类变量对碳排放的影响都通过了显著性检验，且无论是否控制时间效应与个体效应，均不影响四类变量的作用方向，下面进行具体分析。

（1）能源结构因素对碳排放的增加具有显著的拉动作用。表 6 - 15 中的第（6）列显示，能源结构因素的系数为 1.00，且在 10% 水平下显著为正。可以看出，兵团十大高排放产业的煤类能源消耗占比始终保持较大比重，当前高排放产业的能源结构会引致碳排放的增加，调整高排放产业的能源结构是减少碳排放的重要举措。

（2）能耗强度因素对碳排放的增加具有显著的抑制作用。参见表 6 - 15 中的第（6）列数据，能耗强度因素的系数为 −1.00，且在 10% 水平下显著为负。表明近年来兵团十大高排放产业的科技水平的提高和管理的规范化，有助于企业通过技术升级改进绿色工艺生产水平，进而降低生产成本，在客观上降低了碳排放。

（3）产业结构因素对碳排放的增加具有拉动作用。产业结构因素的系数为 0.06，且在 5% 水平下显著为正，详见表 6 - 15 中的第（6）列。由此说明，改善兵团的产业结构，着力发展低排放高产出的新兴产业是优化提升当前产业结构的重要途径。

（4）产业规模因素对碳排放的增加具有显著的拉动作用。如表 6 - 15 中的第（6）列所示，产业规模因素的系数为 0.99，且在 1% 水平下显著为正，说明兵团以工业化和城市化为特征的经济发展会带动能源和碳排放的大幅度增长，碳排放增长是兵团经济发展所带来的伴随结果。

6.4.2 兵团高排放产业碳排放影响因素的分行业稳健性验证

6.4.2.1 STIRPAT 模型构建

将 STIRPAT 模型中的经济因素用兵团高排放产业各行业的产业规模因素来表示，用能耗强度因素和能源结构因素来表征技术因素；但考虑到兵团各行业的人口数据的不可得性，剔除人口数量指标；由于本小节研究高排放产业单行业，因此剔除产业结构因素；选取的三类兵团高排放产业碳排放影响因素，符合 STIRPAT 模型的应用要求。将扩展后的 IPAT 模型变成随机形式，重构为扩展的 STIRPAT 模型并取对数，得到式（6 - 15）：

$$\ln c_i = a + b_1(\ln ec_i) + b_2(\ln ei_i) + b_3 \ln(y_i) + m \quad (6 - 15)$$

其中，c_i 是碳排放量，y 是产业规模因素，ec 是能源结构因素，ei 是能耗强度因素，a 是常数系数项，m 为残差；b_1、b_2、b_3 分别为各因素的弹性系数，代表相对应的影响因素指标对兵团的碳排放的影响程度。兵团高排放产业分行业碳排放影响因素的含义和量纲见表 6 - 16。

表 6 - 16 兵团高排放产业分行业碳排放影响因素分析模型中各变量说明

变量	说明	单位
能源结构因素（ec_i）	以煤、石油、天然气三种能源消耗量与综合能源消耗量的比值来表示	
能耗强度因素（ei_i）	以产值能耗来表示	吨标准煤/万元
产业规模因素（y_i）	以综合能源消耗量与产值能耗的比值来表示	万元

6.4.2.2 实证及结果分析

表 6 - 17 报告了 STIRPAT 模型式（6 - 15）的回归结果，即能源结构（ec_i）、能耗强度（ei_i）、产业规模（y_i）对高排放产业碳排放的影响。以上三个变量对碳排放的影响大部分都通过了显著性检验，且回归结果证实了 LMDI

分解法回归结果的稳健性。

表 6 - 17　兵团十大高排放产业 2006—2018 年碳排放分析结果

变量	$\ln ec_i$	$\ln ei_i$	$\ln y_i$	constant
电力、热力生产和供应业	1.021 1**	1.100 1*	0.599 8**	8.500 9**
化学原料及化学制品制造业	1.004 5**	1.000 2***	0.799 1**	−9.488 2**
石油、煤炭及其他燃料加工业	0.700 1	−2.022 0	1.000 1*	−9.501 5
非金属矿物制品业	0.810 01	1.050 1	0.809 8***	6.500 4*
食品制造业	0.990 9*	1.000 4**	0.999 8**	−9.498 4**
黑色金属冶炼和压延加工业	1.001 2*	1.001 1**	1.001 3**	5.516 1
农副食品加工业	1.122 1***	−0.999 7	0.999 4***	−4.493 3*
纺织业	1.007 5	−0.789 1*	1.003 2**	−4.534 1*
煤炭开采和洗选业	0.993 7**	−0.904 3	0.998 1**	9.503 8*
化学纤维制造业	1.059 9*	1.198 3	0.956 6**	−8.551 8*

注：***、**、* 分别表示在 1％、5％、10％的水平上显著。

（1）能源结构因素主要对兵团 70％的高排放产业的碳排放增加起到拉动作用。分别是电力、热力生产和供应业，化学原料及化学制品制造业，食品制造业，黑色金属冶炼和压延加工业，农副食品加工业，煤炭开采和洗选业，化学纤维制造业。其中，能源结构因素对农副食品加工业碳排放增加的影响作用最明显，煤炭开采和洗选业次之。此结论与前文的"6.3"中的"兵团十大高排放产业碳排放 LMDI 分阶段分解结果"基本保持一致，证实了分别采用 LMDI 分解法与 STIRPAT 模型的回归结果的稳健性。

（2）能耗强度因素主要对兵团 40％的高排放产业的碳排放增加起到拉动作用，而对纺织业的碳排放增加起到明显的抑制作用。这个结论与前文的"兵团十大高排放产业碳排放 LMDI 分阶段分解结果"中第一阶段（2012 年相对 2006 年）的结论保持一致，而与第二阶段（2018 年相对 2012 年）结论不同。原因可能是近年来兵团纺织业的技术壁垒依旧存在，这也将是该产业实现碳减排目标的主要突破口。

（3）产业规模因素对兵团十大高排放产业的碳排放增加均起到拉动作用，即十大高排放产业的 $\ln y_i$ 系数均在 10％水平上显著为正。由此证实了产业规模因素是促进高排放产业碳排放增加的主要因素，说明兵团十大高排放产业的碳排放增加在很大程度上是由于扩大产业的生产规模导致的。毫无疑问，严控生产规模及加速技术革新是实现兵团高排放产业碳排放降低的必要手段。以上结论与前文的"兵团十大高排放产业碳排放 LMDI 分阶段分解结果"基本保持一致，同样证实了分别采用 LMDI 分解法与 STIRPAT 模型的回归结果的稳健性。

6.5 本章小结

本章基于 Kaya 恒等式与 LMDI 分解法，对 2005—2018 年兵团高排放产业碳排放影响因素进行分析，并进一步采用 STIRPAT 模型验证 LMDI 分解法回归的稳健性，结论总结如下。

在整体产业的碳排放量影响上，能源结构因素对其影响由"抑制"转为"拉动"，产业结构因素和产业规模因素对其具有拉动作用，而能耗强度因素是抑制兵团高排放产业碳排放增加的主要因素。在贡献度上，产业规模效应对碳排放增加的贡献度最大（119.10%），而能耗强度效应对碳排放减少的贡献度最大（36.82%）。自 2013 年之后，受惠于国家对西部新一轮的开发政策和产业振兴规划，新疆和兵团战略性新兴产业的陆续发展导致的高排放产业的能源结构效应、能耗强度效应、产业结构效应均对碳排放的增加有所缓解，而因兵团经济的快速发展所带来能源的大量消耗则是经济发展所带来的伴随结果。

在分行业碳排放影响方面的主要结论如下：①能源结构因素主要对兵团70%的高排放产业的碳排放增加起到拉动作用。②能耗强度因素主要对兵团40%的高排放产业的碳排放增加起到拉动作用，对纺织业的碳排放增加起到明显的抑制作用。③产业规模因素是促进高排放产业碳排放增加的主要因素，对兵团十大高排放产业的碳排放增加均起到拉动作用。由此说明，兵团十大高排放产业碳排放的增加在很大程度上源于产业的生产规模扩大。毫无疑问，严控生产规模及加速技术革新是实现兵团高排放产业碳排放降低的必要手段，也是实现兵团低碳发展的重要突破口。

第7章 基于系统动力学模型的兵团高排放产业低碳发展路径选择 ///////////////

系统动力学模型作为一种仿真预测模型，在分析信息反馈系统以及解决系统问题方面具有显著优势，在我国碳排放影响机制研究中也得到广泛应用。本章在第6章的基础上，以兵团十大高排放产业为研究对象，以高排放产业在LMDI模型下的因素分解结果为基本依据，参照第6章的影响因素划分和多位学者的研究（刘永红，2015；蒋蓬阳，2018；郭旭东，2019），将兵团高排放产业低碳发展系统划分为三个子系统——经济发展子系统、能源消耗子系统与碳排放子系统。重点在于运用 Vensim PLE 软件构建系统动力学模型，从三个子系统层面模拟 2030 年的兵团预期碳排放，进而以预期碳排放为基础探寻兵团低碳经济发展路径。

7.1 基于系统动力学模型的兵团高排放产业低碳发展系统仿真

7.1.1 兵团高排放产业低碳发展系统动力学模型的构建

为探寻兵团高排放产业的低碳发展路径，以兵团十大高排放产业作为研究对象，建立兵团高排放产业低碳发展系统仿真模型（刘畅等，2015；王喜莲等，2022；徐成龙等，2013），将兵团高排放产业低碳发展系统划分为三个子系统，即经济发展子系统、能源消耗子系统与碳排放子系统，旨在剖析兵团高排放产业的碳排放与经济发展、能源消耗之间的复杂关系。

7.1.1.1 兵团高排放产业低碳发展系统边界的确定

一个完整的系统中主要有三类变量：状态变量、辅助变量和速率变量。系统变量的确定就是在明确研究问题、确定系统边界的前提下选取构成系统的这三类变量，使系统更加直观地反映所研究的问题。考虑到数据的可得性与有效性，本章所设定的兵团高排放产业低碳发展系统动力学模型包含三个子系统——经济发展子系统、能源消耗子系统与碳排放子系统。其中，经济发展子系统主要考察兵团宏观经济的状况、高排放产业的规模和结构情况、科教投入与环境治理等技术手段，能源消耗子系统包括兵团高排放产业的能耗总量与能耗强度、各类能源的消耗量与比重，碳排放子系统包括各类能源碳排放系数、兵团高排放产业的各类能源碳排放、兵团高排放产业的碳排放总量与强度。

（1）经济发展子系统。根据前文对兵团高排放产业碳排放的影响因素分解的相关内容，不难发现经济增长因素、产业结构因素是能源消耗与碳排放总量增加的主要因素。一方面，经济发展需要能源投入，而能源消耗会导致碳排放增加；另一方面，通过科教投入和环境治理投入等生态系统建设，可以增加生态系统的碳承载力。基于此，在经济发展子系统中引入的主要变量有：社会固定资产投资、GDP 总量、高排放产业产值占 GDP 总量的比重、高排放产业经济产值、高排放产业经济产值增速、社会科教投入、环境治理投入共 7 个变量。在所选取的变量中，高排放产业经济产值为状态变量，高排放产业经济产值增速为速率变量，其余变量均为辅助变量。

（2）能源消耗子系统。能源消耗子系统既是经济发展子系统的直接输出系统，也是碳排放子系统的直接输入系统（蒋蓬阳，2018），因而能源消耗的变化将会直接影响碳排放的变化。能源消耗引起的碳排放量占空气中人工碳排放总量的 96％甚至更高（刘永红，2015），且新疆工业行业的能源消耗主要以煤炭为主，而煤炭、石油、天然气这三类能源均为不可再生资源，不仅用之有竭，而且会污染环境。基于此，在能源消耗子系统中引入的主要变量包括：高排放产业能耗总量、高排放产业能耗强度、煤炭能源消耗量、石油能源消耗量、天然气能源消耗量、煤炭能源消耗比、石油能源消耗比、天然气能源消耗比共 8 个变量。

（3）碳排放子系统。2017 年兵团印发《兵团"十三五"节能减排综合工作实施方案》和《兵团"十三五"控制温室气体排放工作实施方案》，明确指出到 2020 年，兵团单位生产总值二氧化碳排放量较 2015 年下降 12％，碳排放总量将得到有效控制。基于此，本章研究 2006—2018 年的碳排放情况，并模拟 2020 年、2030 年的预期碳排放，以预期碳排放为基础探寻低碳发展路径。该系统中变量的选取主要围绕与碳排放相关的指标展开，包含：煤炭能源排碳量系数、石油能源排碳量系数、天然气能源排碳量系数、煤炭碳排放、石油碳排放、天然气碳排放、碳排放总量和碳排放强度共 8 个变量。

7.1.1.2 兵团高排放产业低碳发展系统流量分析

系统流量图旨在明确系统要素之间的逻辑关系，从而便于系统模型特征方程的编辑与定量分析研究，各变量的箭头指向表明了变量之间的因果关系。在系统流量图中，为更直观地刻画兵团高排放产业低碳发展系统动力学模型内部的反馈结构和关系，将变量之间的正负反馈关系通过正（＋）负（－）号体现。

从图7-1不难看出，经济发展子系统、能源消耗子系统与碳排放子系统之间是一个复杂的关系网络，单个子系统中的因素对兵团高排放产业低碳发展具有一定的影响，但兵团高排放产业低碳发展是各个子系统中所有因素综合作用的结果。在兵团高排放产业低碳发展系统动力学模型内部存在着多条因果反馈回路，其中所展现的4条关键反馈回路如下：①天然气、煤炭、石油能源消耗比例会影响天然气、煤炭、石油能源消耗量，天然气、煤炭、石油能源消耗量会影响天然气、煤炭、石油碳排放量，进而影响碳排放总量。②社会固定资产投资增长率会影响社会固定资产增长量，社会固定资产增长量会影响社会固定资产投资，社会固定资产投资会影响高排放产业投资，高排放产业投资随之影响高排放产业能源消耗，进而传导至碳排放总量。③高排放产业经济产值会影响GDP，GDP能影响环境治理投入，环境治理投入会影响生态环境治理因子，进而影响碳排放总量。④高排放产业经济产值会影响GDP，GDP会影响社会科教投入，社会科教投入会影响技术提升影响因子，技术提升影响因子会影响天然气、煤炭、石油能源消耗量，进而影响碳排放总量。

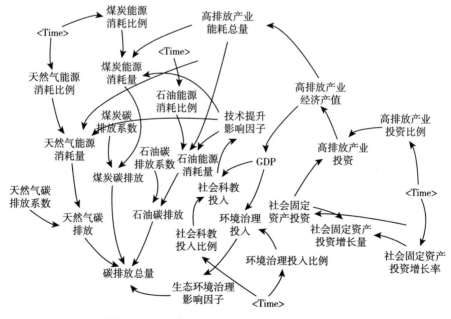

图7-1　兵团高排放产业低碳发展系统流量示意

7.1.2 模型在初始条件下的运行及检验

在构建系统流量图、明确各变量之间的相互关系并输入模型之后，可对兵团高排放产业低碳发展模型进行初始条件下的运行。研究选取的时间区间为2005—2018年，因而2018年之后的各变量数据均未知。该模型在系统初始状态下运行，得到兵团高排放产业在2005—2018年经济发展子系统、能源消耗子系统和碳排放子系统等关键变量的模拟值。通过模拟值与实际值的误差值大小，来判断该系统是否可以用于研究兵团高排放产业的低碳发展并修正模型中存在的偏差。

具体来看：①在经济发展子系统中，主要选取社会固定资产投资、GDP总量、高排放产业经济产值三个核心变量，通过对比其仿真值与实际值之间的偏差来验证模型的有效性；②在能源消耗子系统中，主要选取高排放产业能耗总量、煤炭能源消耗量、石油能源消耗量、天然气能源消耗量4个核心变量，通过对比其仿真值与实际值之间的偏差来验证模型的有效性；③在碳排放子系统中，通过对比碳排放总量仿真值与实际值之间的偏差来验证模型的有效性。

7.1.2.1 经济发展子系统

在经济发展子系统中，GDP总量、社会固定资产投资、高排放产业经济产值三个变量的系统模拟值与现实情况基本符合，误差率绝对值均小于0.6%，即经济发展子系统总体拟合情况满足实际模拟要求，结果如表7-1所示。

表7-1 兵团高排放产业经济发展子系统仿真检验

年份	GDP总量			社会固定资产投资			高排放产业经济产值		
	实际值（万元）	模拟值（万元）	误差率（%）	实际值（万元）	模拟值（万元）	误差率（%）	实际值（万元）	模拟值（万元）	误差率（%）
2010年	675.03	770.62	0.12	448.27	448.27	0.00	454.17	454.10	−0.02
2011年	873.20	965.66	0.11	683.17	683.51	0.05	578.54	577.96	−0.10
2012年	993.53	1 197.21	0.21	1 038.42	1 039.34	0.09	653.36	653.17	−0.03
2013年	1 251.80	1 499.87	0.20	1 505.71	1 509.90	0.28	817.41	814.59	−0.35
2014年	1 379.50	1 738.68	0.26	1 757.16	1 761.33	0.24	897.21	894.39	−0.31
2015年	1 684.61	1 934.91	0.15	1 781.76	1 785.80	0.23	1 087.27	1 085.09	−0.20
2016年	1 957.39	2 134.33	0.09	1 717.62	1 721.21	0.21	1 258.06	1 255.58	−0.20
2017年	2 141.52	2 339.07	0.09	1 958.08	1 966.15	0.41	1 376.93	1 370.66	−0.46
2018年	2 022.97	2 515.16	0.24	2 091.23	2 100.00	0.42	1 303.86	1 296.65	−0.56

第一，2010—2018年兵团高排放产业经济发展子系统中GDP总量的模拟值变化趋势与实际值基本趋同，变量模拟值与实际误差值均控制在0.3%以内，说明在GDP总量方面的系统模拟值通过了有效性检验，满足系统对模拟值的拟合要求。第二，2010—2018年兵团高排放产业经济发展子系统中对社会固定资产投资变动的模拟情况和现实社会固定资产投资水平基本一致，变量模拟值与实际误差率均控制在0.5%以内，说明经济发展子系统对于社会固定资产投资情况的模拟误差值较小，其模拟结果基本符合实际拟合要求。第三，2010—2018年兵团高排放产业经济发展子系统中高排放产业经济产值的模拟情况略低于实际情况，但是整体误差率均控制在0.6%以内，说明经济发展子系统对高排放产业经济产值的模拟情况符合实际拟合要求。

7.1.2.2　能源消耗子系统

在能源消耗子系统中，选取能源消耗子系统中的煤炭能源消耗量、天然气能源消耗量、石油能源消耗量以及高排放产业能耗总量4个变量来检验仿真结果，结果表明其误差率绝对值维持在4.0%之内，即能源消耗子系统满足模型有效性条件。

从表7-2中可以看出：①2010—2018年兵团能源消耗子系统中煤炭能源消耗量的模拟结果与实际情况保持相同的发展趋势，除2012年、2017年和2018年三个年份的误差值超出0.5%之外，其余年份变量模拟值与实际误差值均控制在0.5%以内，说明兵团煤炭能源消耗量的系统模拟值与现实情况基本符合，满足系统对模拟值的拟合要求。②在能源消耗子系统中对天然气能源消耗量的模拟情况和现实天然气能源消耗量基本一致，变量模拟值与实际误差率整体控制在1.0%以内，说明能源消耗对于天然气能源消耗量情况的模拟误差值较小，其模拟结果基本符合实际拟合要求。③在石油能源消耗量模拟方面，除2015年模拟值误差率达到3.61%外，其余年份石油能源消耗量的模拟情况与实际情况的误差率均控制在1.0%以内，表明能源消耗子系统对石油能源消耗量的模拟情况基本符合实际拟合要求。

兵团高排放产业能耗总量仿真检验结果显示，实际值与模拟值的误差存在波动性，2010—2015年波动较大，2015年后波动回归平稳。从表7-3中可以看出，2010年、2011年和2014年兵团高排放产业能耗总量的实际值与模拟值之间存在较大的误差率，其余年份误差率均控制在7.0%以内。其预测值与实际值误差波动较大的原因可能在于前期高排放产业能耗总量较小，能耗总量小幅度的变化也会引起高排放产业能耗总量模拟误差值的增加。伴随着高排放产业的发展，其能耗总量也不断增加，模拟值与实际值之间的误差也逐渐缩减至符合实际模拟需求的状态。综合能源消耗子系统中煤炭能源消耗量、天然气能源消耗量和石油能源消耗量的分析结果，可以判断能源消耗子系统总体拟合情况满足实际拟合要求。

表7-2　兵团高排放产业能源消耗子系统仿真检验

年份	煤炭能源消耗量			天然气能源消耗量			石油能源消耗量		
	实际值（万吨标准煤）	模拟值（万吨标准煤）	误差率（%）	实际值（吨标准煤）	模拟值（吨标准煤）	误差率（%）	实际值（吨标准煤）	模拟值（吨标准煤）	误差率（%）
2010年	803.36	805.50	0.27	1 369.36	1 372.16	0.20	6 572.94	6 543.48	−0.45
2011年	1 151.24	1 153.52	0.20	120.30	121.43	0.94	10 218.90	10 301.23	0.81
2012年	1 463.64	1 474.45	0.74	9 147.78	9 192.25	0.49	10 367.50	10 390.37	0.22
2013年	2 101.51	2 111.21	0.46	17 984.00	17 983.78	0.00	31 522.60	31 753.98	0.73
2014年	2 605.81	2 615.68	0.38	14 955.10	15 118.04	1.09	33 988.90	34 301.43	0.92
2015年	2 937.50	2 950.95	0.46	6 844.65	6 824.37	−0.30	28 519.40	29 549.39	3.61
2016年	3 409.60	3 426.75	0.50	3 308.32	3 339.33	0.94	29 369.80	29 665.96	1.01
2017年	3 468.42	3 490.66	0.64	857.78	862.15	0.51	35 430.10	35 576.87	0.41
2018年	3 466.78	3 494.85	0.81	241.62	242.86	0.51	42 021.50	41 700.35	−0.76

表7-3　兵团高排放产业能源消耗子系统对高排放产业能耗总量的仿真检验

年份	实际值（万吨标准煤）	模拟值（万吨标准煤）	误差率（%）
2010年	912.91	806.29	−11.68
2011年	1 293.53	1 154.56	−10.74
2012年	1 524.63	1 476.41	−3.16
2013年	2 020.68	2 116.19	4.73
2014年	2 265.93	2 620.62	15.65
2015年	2 851.94	2 954.59	3.60
2016年	3 375.84	3 430.05	1.61
2017年	3 729.48	3 494.30	−6.31
2018年	3 501.79	3 499.05	−0.08

7.1.2.3　碳排放子系统

在碳排放子系统中选取碳排放总量来检验仿真结果。2010—2018 年兵团高排放产业碳排放总量的实际值、模拟值及其误差率结果如表 7－4 所示。从表中可以看出，碳排放子系统对于碳排放总量的模拟结果略低于实际情况，但整体误差率较小，各年份误差率绝对值均控制在 0.9% 以内，说明碳排放子系统的拟合情况较优，能够符合对实际情况模拟的需求。

表 7－4　兵团高排放产业碳排放子系统对碳排放总量的仿真检验

年份	实际值 （万吨）	模拟值 （万吨）	误差率 （%）
2010 年	843	841	−0.29
2011 年	1 208	1 205	−0.22
2012 年	1 543	1 532	−0.75
2013 年	2 211	2 199	−0.50
2014 年	2 739	2 727	−0.41
2015 年	3 085	3 074	−0.35
2016 年	3 587	3 568	−0.52
2017 年	3 654	3 630	−0.66
2018 年	3 659	3 628	−0.83

7.1.3　模型在初始条件下的系统仿真结果

依照建立的流量图和数量方程，在各子系统仿真检验的基础上，进一步模拟并预测各子系统变量不变的状态下兵团 2010—2030 年高排放产业低碳发展系统可能的运行情况，以期与单因素、组合因素调整下兵团高排放产业的碳排放总量形成对比，探寻兵团高排放产业低碳发展的必要条件（表 7－5）。取时间长度为 1 年，得到 2010—2030 年兵团社会固定资产投资、GDP、高排放产业经济产值、高排放产业三种能源消耗量、高排放产业能耗总量与高排放产业碳排放总量的预测值（图 7－2）。所谓初始状态，是指在兵团宏观经济环境、高排放产业产值与规模、社会科教与环境投入、能源结构与能源强度等变量不进行政策调控时，未来一段时间的兵团高排放产业的碳排放总量。

表 7 - 5 系统初始状态下的碳排放与各变量仿真模拟结果

年份	GDP（万元）	天然气能源消耗量（吨标准煤）	煤炭能源消耗量（吨标准煤）	生态环境治理影响因子	石油能源消耗量（吨标准煤）	社会固定资产投资（万元）	高排放产业经济产值（万元）	高排放产业能耗总量（吨标准煤）
2010 年	6 750 000	1 369.36	8 030 000	3.405 980	6 572.94	4 480 000	4 540 000	9 130 000
2011 年	8 730 000	120.30	11 500 000	2.690 190	10 218.90	6 830 000	5 780 000	12 900 000
2012 年	9 940 000	9 147.78	14 600 000	3.453 560	10 367.50	10 400 000	6 530 000	15 200 000
2013 年	12 500 000	17 984.00	21 000 000	3.161 290	31 522.60	15 100 000	8 150 000	20 200 000
2014 年	13 800 000	14 955.10	26 100 000	0.828 234	33 988.90	17 600 000	8 940 000	22 700 000
2015 年	16 800 000	6 844.65	29 400 000	2.584 930	28 519.40	17 800 000	10 900 000	28 500 000
2016 年	19 600 000	3 308.32	34 100 000	3.628 100	29 369.80	17 200 000	12 600 000	33 800 000
2017 年	21 400 000	857.78	34 700 000	1.858 480	35 430.10	19 600 000	13 700 000	37 300 000
2018 年	20 200 000	241.62	34 700 000	3.080 380	42 021.50	20 900 000	13 000 000	35 000 000
2019 年	27 800 000	14 890.80	49 000 000	0.380 702	49 636.00	25 700 000	17 700 000	49 600 000
2020 年	29 800 000	16 025.90	52 800 000	0.124 603	53 419.60	27 500 000	19 000 000	53 400 000
2021 年	31 800 000	17 171.50	56 600 000	0.133 876	57 238.40	29 300 000	20 200 000	57 200 000
2022 年	33 500 000	18 173.90	59 900 000	0.360 028	60 579.50	30 900 000	21 300 000	60 600 000
2023 年	35 200 000	19 153.50	63 100 000	0.581 046	63 844.90	32 400 000	22 300 000	63 800 000
2024 年	37 000 000	20 182.00	66 500 000	0.813 099	67 273.20	34 100 000	23 500 000	67 300 000
2025 年	38 900 000	21 261.80	70 000 000	1.056 740	70 872.80	35 800 000	24 600 000	70 900 000
2026 年	40 900 000	22 395.60	73 800 000	1.312 540	74 652.00	37 500 000	25 900 000	74 700 000
2027 年	42 800 000	23 492.70	77 400 000	1.560 080	78 309.10	39 300 000	27 100 000	78 300 000
2028 年	45 400 000	25 030.40	82 400 000	1.907 010	83 434.70	41 700 000	28 700 000	83 400 000
2029 年	48 600 000	26 869.90	88 500 000	2.322 050	89 566.50	44 600 000	30 700 000	89 600 000
2030 年	53 000 000	29 390.80	96 800 000	2.890 810	97 969.50	48 600 000	33 500 000	98 000 000

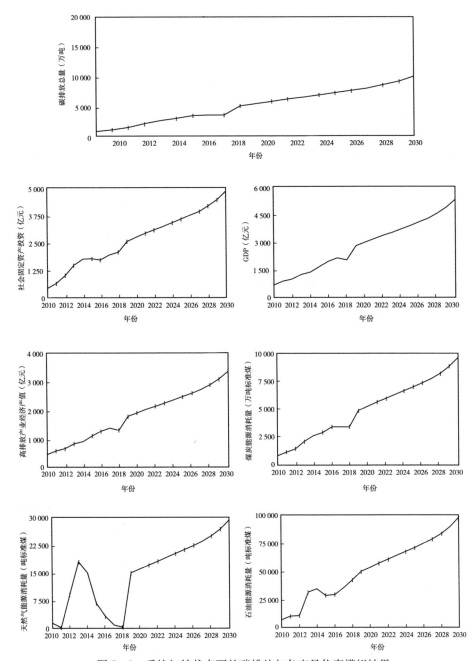

图 7-2　系统初始状态下的碳排放与各变量仿真模拟结果

7.2　基于单因素调整的兵团高排放产业低碳发展路径选择

通过模型在初始条件下的运行及检验结果不难发现，仅就兵团高排放产业而言，在不进行政策调整的情况下难以实现《兵团"十三五"节能减排综合工作实施方案》和《兵团"十三五"控制温室气体排放工作实施方案》中"单位生产总值二氧化碳排放量较 2015 年下降 12％"的政策目标。因而本节重点关注关键变量的参数调节能否影响兵团高排放产业的碳排放总量。其中，模型单因素参数调整是指对兵团高排放产业低碳发展系统模型中单个关键变量进行调整，通过设置不同的参数情景来分析该变量对系统产出结果的影响程度。在单变量调整中主要选择 4 个关键变量进行调整：高排放产业产值占比调整、科教投入比例调整、环境治理投入比例调整和能源消耗结构调整（表 7-6）。

表 7-6　基于单因素调整的碳排放情景模拟方案

方案分类	方案名称	方案特点及条件设定
高排放产业产值占比调整	情景 1	控制高排放产业产值，到 2030 年高排放产业产值占兵团 GDP 比例较 2010 年降低 5％
	情景 2	控制高排放产业产值，到 2030 年高排放产业产值占兵团 GDP 比例较 2010 年降低 10％
	情景 3	控制高排放产业产值，到 2030 年高排放产业产值占兵团 GDP 比例较 2010 年降低 15％
科教投入比例调整	情景 1	科教投入逐渐提高，到 2030 年科教投入占固定资产投资比例较 2010 年提高 5％
	情景 2	科教投入逐渐提高，到 2030 年科教投入占固定资产投资比例较 2010 年提高 10％
	情景 3	科教投入逐渐提高，到 2030 年科教投入占固定资产投资比例较 2010 年提高 15％
环境治理投入比例调整	情景 1	环境治理投入逐渐提高，到 2030 年环境治理投入占固定资产投资比例较 2010 年提高 5％
	情景 2	环境治理投入逐渐提高，到 2030 年环境治理投入占固定资产投资比例较 2010 年提高 10％
	情景 3	环境治理投入逐渐提高，到 2030 年环境治理投入占固定资产投资比例较 2010 年提高 15％

（续）

方案分类	方案名称	方案特点及条件设定
能源消耗结构调整	情景 1	能源消耗结构中煤炭比重逐步降低，到 2030 年煤炭占比较 2010 年降低 5%
	情景 2	能源消耗结构中煤炭比重逐步降低，到 2030 年煤炭占比较 2010 年降低 10%
	情景 3	能源消耗结构中煤炭比重逐步降低，到 2030 年煤炭占比较 2010 年降低 15%

7.2.1　高排放产业产值占比调整下的碳排放情景设置与模拟仿真路径

第 6 章兵团高排放产业碳排放影响因素 LMDI 分解的结果表明，高排放产业产值在兵团经济增长中的主导地位与高排放产业规模逐步扩大是导致兵团高排放产业碳排放居高不下的主要原因。事实上，从 2005 年开始兵团高排放产业产值占 GDP 的比重就呈现出逐步上升趋势，2005 年占比为 20.61%，2011 年达到顶峰 59.91%，2011 年后有所回落，2018 年降至 51.83%，但仍超过 50%。因此，本小节尝试通过调整兵团高排放产业的产业规模，探寻高排放产业产值比例变动下的兵团高排放产业碳排放总量变化。

单因素情景模拟代表在不同影响因素增减的情景设置下，考察目标对象（指碳排放）的增减状况，研究设置了三种高排放产业产值占兵团 GDP 的比重。情景 1 为从 2010 年开始降低高排放产业产值的占比，每年逐步降低，至 2030 年高排放产业产值占兵团 GDP 的比例共降低 5%；情景 2 为从 2010 年开始降低高排放产业产值的占比，每年逐步降低，至 2030 年高排放产业产值占兵团 GDP 的比例共降低 10%；情景 3 为从 2010 年开始降低高排放产业产值的占比，每年逐步降低，至 2030 年高排放产业产值占兵团 GDP 的比例共降低 15%。在以上情景设定的基础上，将各情景的参数输入系统动力学模型后进行仿真分析，可以得到兵团高排放产业 2010—2030 年的碳排放总量，如图 7-3 所示。

高排放产业产值占比的下降是减少兵团碳排放的首要前提与基础路径，当调整兵团高排放产业的产值占比后，兵团碳排放的增长趋势得到明显遏制。观察表 7-7 有如下发现：①产值占比下降 5% 能够带来 2030 年碳排放较 2010 年下降 5.54%。在高排放产业规模下降 5% 的情形 1 下，2030 年碳排放较初始状态减少 531.43 万吨，即 5.54%。②产值占比下降 10% 能够带来 2030 年碳排放较 2010 年下降 11.54%。在高排放产业规模下降 10% 的情形 2 下，2030

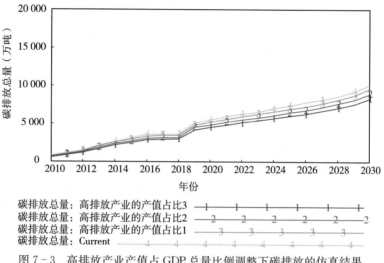

碳排放总量：高排放产业的产值占比3
碳排放总量：高排放产业的产值占比2
碳排放总量：高排放产业的产值占比1
碳排放总量：Current

图 7-3　高排放产业产值占 GDP 总量比例调整下碳排放的仿真结果

年碳排放较初始状态减少 1 169.19 万吨，即 11.54%；且较高排放产业规模下降 5% 的情形 1 减少了 637.76 万吨。③产值占比下降 15% 能够带来 2030 年碳排放较 2010 年下降 17.84%。在高排放产业规模下降 15% 的情形 3 下，2030 年碳排放较初始状态减少 1 806.96 万吨，即 17.84%；且较高排放产业规模降 5% 的情形 1 减少了 1 275.53 万吨，较高排放产业规模下降 10% 的情形 2 减少了 637.77 万吨。

表 7-7　高排放产业产值占 GDP 总量比例调整的碳排放情景设置

情景	条件设定	2030 年碳排放（万吨）	下降比例（%）
Current	高排放产业产值占兵团 GDP 的比例维持 2010 年水平不变	10 130.40	—
高排放产业比例 1	高排放产业产值比例逐渐降低，到 2030 年高排放产业产值占兵团 GDP 的比例较 2010 年降低 5%	9 598.97	5.54
高排放产业比例 2	高排放产业产值比例逐渐降低，到 2030 年高排放产业产值占兵团 GDP 的比例较 2010 年降低 10%	8 961.21	11.54
高排放产业比例 3	高排放产业产值比例逐渐降低，到 2030 年高排放产业产值占兵团 GDP 的比例较 2010 年降低 15%	8 323.44	17.84

7.2.2　科教投入比例调整下的碳排放情景设置与模拟仿真路径

科教投入是降低能耗强度的重要途径之一，增加科教投入能够促进新技术的发展和技术革新，从而提高能源使用效率、降低能耗总量。从实际情况来看，在 2005—2018 年这一研究区间内，兵团科教投入占固定资产投资比例呈现逐渐降低的趋势，自 2006 年科教投入占比达到最高点 0.25% 后，其余年份均呈现降低状态，2018 年科教投入占固定资产投资比重仅为 0.08%。因此，通过调整科教投入占固定资产投资比例来降低能源消耗及其碳排放总量。

研究设置了三种科教投入占兵团固定资产投资比重情景来分析科教投入占比对兵团碳排放的影响。2006—2018 年兵团科教投入占比年均增长 11.21%，2010 年负增长率最高，达到 −26.80%；而 2006—2018 年全国科教投入占比年均增长 14.49%，2010 年负增长率最高，为 −0.31%。基于此，将年均增长率最高值设置为 15%，并分为三档，即 5%、10% 和 15%，模拟不同情景下的碳排放。情景 1 为从 2010 年开始逐年提高科教投入占固定资产投资比例，至 2030 年科教投入占固定资产投资比例较 2010 年提高 5%；情景 2 为从 2010 年开始逐年提高科教投入占比，到 2030 年科教投入占固定资产投资比例较 2010 年提高 10%；情景 3 为从 2010 年开始逐年提高科教投入占比，到 2030 年科教投入占固定资产投资比例较 2010 年提高 15%。

在其余条件不变的情况下，将各情景的参数输入系统动力学模型后进行仿真分析，可以得到兵团 2010—2030 年的碳排放总量的模拟结果，如图 7 - 4 所示。

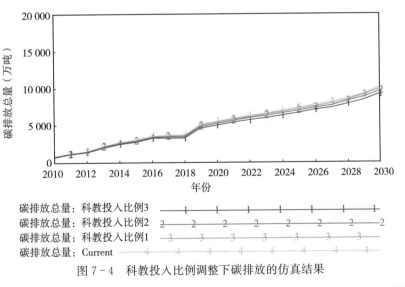

图 7 - 4　科教投入比例调整下碳排放的仿真结果

科教投入占比的提升是碳排放降低的间接方法和长期选择，当调整兵团科教投入占比后，兵团碳排放总量的增长趋势得到一定程度的遏制，但遏制效果劣于高排放产业产值占比调整。具体来看：①科教投入占比上升 5％能够带来 2030 年碳排放较 2010 年下降 2％。在科教投入占固定资产投资比例提升 5％的情景 1 下，碳排放总量较初始状态减少 202.56 万吨，即 2％。②科教投入占比上升 10％能够带来 2030 年碳排放较 2010 年下降 5％。在科教投入占固定资产投资比例提升 10％的情景 2 下，碳排放总量较初始状态减少 506.48 万吨，即 5％；且较科教投入占固定资产投资比例提升 5％的情景 1 减少 303.92 万吨。③科教投入占比上升 15％能够带来 2030 年碳排放较 2010 年下降 9％。在科教投入占固定资产投资比例提升 15％的情景 3 下，碳排放总量较初始状态减少 911.70 万吨，即 9％；且较科教投入占固定资产投资比例提升 5％的情景 1 减少 709.14 万吨，较科教投入占固定资产投资比例提升 10％的情景 2 减少 405.22 万吨（表 7-8）。

表 7-8　科教投入比例调整的碳排放情景设置

情景	条件设定	2030 年碳排放（万吨）	下降比例（％）
Current	科教投入占固定资产投资比例维持 2010 年水平不变	10 130.40	—
科教投入比例 1	科教投入占比逐渐提高，到 2030 年科教投入占固定资产投资比例较 2010 年提高 5％	9 927.84	2
科教投入比例 2	科教投入占比逐渐提高，到 2030 年科教投入占固定资产投资比例较 2010 年提高 10％	9 623.92	5
科教投入比例 3	科教投入占比逐渐提高，到 2030 年科教投入占固定资产投资比例较 2010 年提高 15％	9 218.70	9

7.2.3　环境治理投入比例调整下的碳排放情景设置与模拟仿真路径

环境治理与碳排放问题同根同源，煤炭燃烧、石油能源消耗是产生 PM2.5 污染和二氧化硫污染的主要原因，防治大气污染、改善生态环境需要有效控制碳排放总量。从观察区间数据来看，兵团环境治理投入占固定资产投资比例呈现出先减后增的 U 形趋势，2005—2016 年环境治理投入占固定资产投资比例逐渐递减，至 2016 年低至 0.02％后出现拐点，2017 年、2018 年环境治理投入占固定资产投资比例逐渐增加。因此，本小节尝试调整兵团环境治理投入占固定资产投资比例以探索环境治理投入与碳排放总量变化规律。

研究设置了三种环境治理投入占固定资产投资比例：情景 1 为从 2010 年开始逐年提高环境治理投入占固定资产投资比例，至 2030 年环境治理投入占固定资产投资比例较 2010 年提高 15%；情景 2 为从 2010 年开始逐年提高环境治理投入占固定资产投资比例，到 2030 年环境治理投入占固定资产投资比例较 2010 年提高 20%；情景 3 为从 2010 年开始逐年提高环境治理投入占固定资产投资比例，到 2030 年环境治理投入占固定资产投资比例较 2010 年提高 25%。在其余条件不变的情况下，将各情景的参数输入系统动力学模型后进行仿真分析，可以得到兵团 2010—2030 年的碳排放总量的模拟结果，如图 7-5 所示。

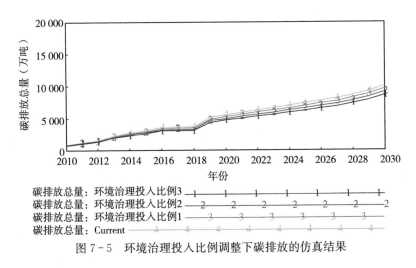

图 7-5　环境治理投入比例调整下碳排放的仿真结果

环境治理投入占比的提升是降低碳排放的补救措施和配套方法，当调整兵团环境治理投入占固定资产投资比例后，兵团碳排放总量的增长趋势得到遏制，但是遏制的边际效果优于科教投入比例调整、劣于高排放产业产值占比调整。具体来看：①环境治理投入占比上升 15% 能够带来 2030 年碳排放较 2010 年下降 5%。在环境治理投入占固定资产投资比例提升 15% 的情景 1 下，碳排放总量较初始状态减少 506.48 万吨，即下降 5%。②环境治理投入占比上升 20% 能够带来 2030 年碳排放较 2010 年下降 10%。在环境治理投入占固定资产投资比例提升 20% 的情景 2 下，碳排放总量较初始状态减少 1 013 万吨，即下降 10%；且较环境治理投入占固定资产投资比例提升 15% 的情景 1 减少 506.52 万吨。③环境治理投入占比上升 25% 能够带来 2030 年碳排放较 2010 年下降 15%。在环境治理投入占固定资产投资比例提升 25% 的情景 3 下，碳排放总量较初始状态减少 1 519.52 万吨，即下降 15%；且较环境治理投入占固定资产投资比例提升 15% 的情景 1 减少 1 013.04 万吨，较环境治理投入占固定资产投资比例提升 20% 的情景 2 减少 503.42 万吨（表 7 - 9）。

表 7 - 9　环境治理投入比例调整的碳排放情景设置

情景	条件设定	2030 年碳排放（万吨）	下降比例（%）
Current	环境治理投入占固定资产投资比例维持 2010 年水平不变	10 130.40	—
环境治理投入比例 1	逐渐提高环境治理投入占比，到 2030 年环境治理投入占固定资产投资比例较 2010 年提高 15%	9 623.92	5
环境治理投入比例 2	逐渐提高环境治理投入占比，到 2030 年环境治理投入占固定资产投资比例较 2010 年提高 20%	9 117.40	10
环境治理投入比例 3	逐渐提高环境治理投入占比，到 2030 年环境治理投入占固定资产投资比例较 2010 年提高 25%	8 610.88	15

7.2.4　能源消耗结构调整下的碳排放情景设置与模拟仿真路径

在一次能源消耗中煤炭的碳排放系数远高于石油和天然气，在同样的能源消耗量下不同的能源消耗结构会对碳排放总量产生较大差异性影响。无论是从能源储备还是从环境保护的角度来看，以煤炭能源为主体的能源消耗结构都不是一种可持续的有效结构，应当积极调整能源消耗结构，有效推动天然气等清洁能源利用。目前，兵团煤炭能源消耗占能源总消耗的比重虽然有所下降，但占比依然在 88% 以上。因此，本小节尝试调整兵团能源消耗结构来探索能源结构变动下碳排放总量的变化情况。

研究设置了三种能源消耗结构。情景 1 为从 2010 年起逐年降低能源消耗结构中煤炭比重，至 2030 年能源消耗结构中煤炭比重较 2010 年降低 5%；情景 2 为从 2010 年起逐年降低能源消耗结构中煤炭比重，到 2030 年能源消耗结构中煤炭比重较 2010 年降低 10%；情景 3 为从 2010 年起逐年降低能源消耗结构中煤炭比重，到 2030 年能源消耗结构中煤炭比重较 2010 年降低 15%。在其余条件不变的情况下，将各情景的参数输入系统动力学模型后进行仿真分析，可以得到兵团 2010—2030 年的碳排放总量的模拟结果，如图 7 - 6 所示。

煤炭在能源消耗中占比的下降是碳排放降低的有效措施和重要手段，当调整兵团能源消耗结构后，兵团碳排放总量的增长趋势得到明显遏制，遏制效果

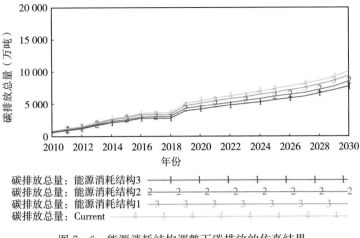

图 7 - 6　能源消耗结构调整下碳排放的仿真结果

优于高排放产业产值占比调整、科教投入比例调整与环境治理投入比例调整。具体来看：①能源消耗结构中煤炭占比下降 5% 能够带来 2030 年碳排放较 2010 年下降 7%。在能源消耗结构中煤炭占比降低 5% 的情景 1 下，碳排放总量较初始状态减少 709.09 万吨，即下降 7%。②能源消耗结构中煤炭占比下降 10% 能够带来 2030 年碳排放较 2010 年下降 16%。在能源消耗结构中煤炭占比降低 10% 的情景 2 下，碳排放总量较初始状态减少 1 620.83 万吨，即下降 16%；且较能源消耗结构中煤炭占比降低 5% 的情景 1 减少了 911.74 万吨。③能源消耗结构中煤炭占比下降 15% 能够带来 2030 年碳排放较 2010 年下降 23%。在能源消耗结构中煤炭占比降低 15% 的情景 3 下，碳排放总量较初始状态减少 2 329.96 万吨，即下降 23%；且较能源消耗结构中煤炭占比降低 5% 的情景 1 减少 1 620.87 万吨，较能源消耗结构中煤炭占比降低 10% 的情景 2 减少 709.13 万吨（表 7 - 10）。

表 7 - 10　能源消耗结构调整的碳排放情景设置

情景	条件设定	2030 年碳排放（万吨）	下降比例（%）
Current	能源消耗结构比例维持 2010 年水平不变	10 130.40	—
能源消耗结构 1	能源消耗结构中煤炭比重逐步降低，到 2030 年较 2010 年降低 5%	9 421.31	7

（续）

情景	条件设定	2030 年碳排放 （万吨）	下降比例 （％）
能源消耗 结构 2	能源消耗结构中煤炭比重逐步降低，到 2030 年 较 2010 年降低 10％	8 509.57	16
能源消耗 结构 3	能源消耗结构中煤炭比重逐步降低，到 2030 年 较 2010 年降低 15％	7 800.44	23

7.3 基于组合因素调整的兵团高排放产业低碳发展路径选择

7.3.1 基于组合因素调整的兵团高排放产业低碳发展系统动力学模型构建

在实际情况中，高排放产业降低碳排放需要打好多种调控政策的组合拳。各组合情景的仿真模拟代表在不同影响因素组合变化的情景设置下，考察目标对象——碳排放的增减状况。一方面，从上一节可知，单一调整高排放产业产值占 GDP 的比例、科教投入比例、环境治理投入比例、能源消耗结构均可以在一定程度上减少兵团高排放产业的碳排放总量，但却无法同时满足兵团高排放产业的碳排放较 2015 年下降 12％的个体目标。另一方面，兵团高排放产业低碳发展系统较为复杂，若是仅依靠单一变量来对模型进行调整具有较大的局限性。基于此，本节设置了三种控制经济发展子系统、能源消耗子系统与碳排放子系统中关键变量的组合情景，将高排放产业产值占比、科教投入比例、环境治理投入比例、能源消耗结构等单因素全部纳入，构建组合因素参数调整的模型并进行情景分析。

7.3.2 基于组合因素调整的碳排放情景设置

如表 7 - 11 所示，基于组合因素调整的碳排放设置了三种组合情景：①组合情景 1 中设置 2010—2030 年高排放产业产值占兵团 GDP 比例共下降 5％、科教投入占固定资产投资比例提高 5％、环境治理投入占固定资产投资比例提高 5％、能源消耗结构中煤炭比重降低 5％ 4 个条件。②组合情景 2 中设置 2010—2030 年高排放产业产值占兵团 GDP 比例共下降 10％、科教投入占固定资产投资比例提高 10％、环境治理投入占固定资产投资比例提高 10％、能源消耗结构中煤炭比重降低 10％ 4 个条件。③组合情景 3 中设置 2010—2030 年高排放产业产值占兵团 GDP 比例共下降 15％、科教投入占固定资产投资比例提高 15％、环境治理投入占固定资产投资比例提高 15％、能源消耗结构中煤炭比重降低 15％ 4 个条件。

表 7-11　基于组合因素调整的碳排放情景模拟方案

情形	模拟变量	条件设定
组合 情景 1	高排放产业 产值占比	控制高排放产业产值，到 2030 年高排放产业产值占兵团 GDP 比例较 2010 年降低 5％
	能源消耗结构	能源消耗结构中煤炭比重逐步降低，到 2030 年煤炭占比较 2010 年降低 5％
	环境治理 投入比例	环境治理投入逐渐提高，到 2030 年环境治理投入占固定资产投资比例较 2010 年提高 5％
	科教投入比例	科教投入逐渐提高，到 2030 年科教投入占固定资产投资比例较 2010 年提高 5％
组合 情景 2	高排放产业 产值占比	控制高排放产业产值，到 2030 年高排放产业产值占兵团 GDP 比例较 2010 年降低 10％
	能源消耗结构	能源消耗结构中煤炭比重逐步降低，到 2030 年煤炭占比较 2010 年降低 10％
	环境治理 投入比例	环境治理投入逐渐提高，到 2030 年环境治理投入占固定资产投资比例较 2010 年提高 10％
	科教投入比例	科教投入逐渐提高，到 2030 年科教投入占固定资产投资比例较 2010 年提高 10％
组合 情景 3	高排放产业 产值占比	控制高排放产业产值，到 2030 年高排放产业产值占兵团 GDP 比例较 2010 年降低 15％
	能源消耗结构	能源消耗结构中煤炭比重逐步降低，到 2030 年煤炭占比较 2010 年降低 15％
	环境治理 投入比例	环境治理投入逐渐提高，到 2030 年环境治理投入占固定资产投资比例较 2010 年提高 15％
	科教投入比例	科教投入逐渐提高，到 2030 年科教投入占固定资产投资比例较 2010 年提高 15％

7.3.3　基于组合因素调整的碳排放模拟仿真路径

在以上设定的基础上将各情景的参数输入系统动力学模型后进行仿真分

析，可以得到兵团高排放产业 2010—2030 年的碳排放总量，如图 7-7 所示。在越严格的组合情形下兵团高排放产业的能源消耗量越少、碳排放减少幅度越大，且这种差距随时间增加而出现边际递增。

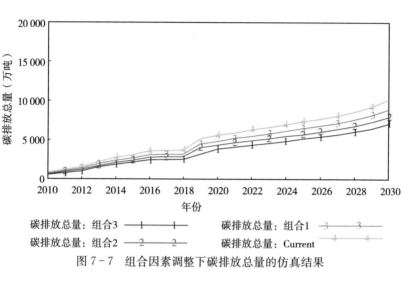

图 7-7　组合因素调整下碳排放总量的仿真结果

首先，在碳排放总量的下降上，组合情景 1、组合情景 2 和组合情景 3 都能实现遏制碳排放的目的，但碳排放遏制能力在 2010 年差距甚微。组合情景 1 下 2030 年的碳排放较系统初始结果碳排放降低 1 207.28 万吨，即下降 11.92%；组合情景 2 下 2030 年的碳排放较系统初始结果碳排放降低 2 154.93 万吨，即下降 21.27%；组合情景 3 下 2030 年的碳排放较系统初始结果碳排放降低 3 049.42 万吨，即下降 30.10%（表 7-12）。

其次，在能源消耗总量的下降上，组合情景 1、组合情景 2 和组合情景 3 都能实现控制能源消耗过度增长。组合情景 1 较系统初始结果能源消耗降低 108.39 万吨/标准煤，即下降 10.98%；组合情景 2 较系统初始结果能源消耗降低 186.30 万吨/标准煤，即下降 18.88%；组合情景 3 较系统初始结果能源消耗降低 222.99 万吨/标准煤，即下降 22.60%。

再次，在碳排放的遏制能力上，组合情景 1 与组合情景 3 的碳排放遏制能力在 2010 年差距甚微，组合情景 3 与组合情景 1 下的碳排放量相差不足 1 万吨；在 2020—2030 年差距逐步递增，2020 年组合情景 3 较组合情景 1 下的碳排放量相差约 10 万吨，到 2030 年组合情景 3 较组合情景 1 下的碳排放量相差约 15 万吨。

最后，在碳排放强度的下降上，2015 年兵团高排放产业的碳排放强度为 2.09 吨/万元，组合情景 1 的碳排放强度在 2020 年为 2.01 吨/万元，较 2015 年碳排放强度下降了 3.82%；组合情景 2 的碳排放强度在 2020 年为 1.92 吨/万元，较 2015 年碳排放强度下降了 8.13%；组合情景 3 的碳排放强度在 2020 年为 1.55 吨/万元，较 2015 年碳排放强度下降了 15.31%。说明仅依靠单一变量对模型进行调整具有较大的局限性，在实际情况中，兵团高排放产业降低碳排放需要打好多种调控政策的组合拳。

表 7-12　基于组合因素调整的碳排放情景设置

情景	条件设定	2030 年碳排放（万吨）	下降比例（%）
组合情景 1	到 2030 年高排放产业产值占兵团 GDP 比例较 2010 年降低 5% 到 2030 年科教投入占固定资产投资比例较 2010 年提高 5% 到 2030 年环境治理投入占固定资产投资比例较 2010 年提高 5% 到 2030 年能源消耗结构中煤炭比重较 2010 年降低 5%	8 923.12	11.92
组合情景 2	到 2030 年高排放产业产值占兵团 GDP 比例较 2010 年降低 10% 到 2030 年科教投入占固定资产投资比例较 2010 年提高 10% 到 2030 年环境治理投入占固定资产投资比例较 2010 年提高 10% 到 2030 年能源消耗结构中煤炭比重较 2010 年降低 10%	7 975.47	21.27
组合情景 3	到 2030 年高排放产业产值占兵团 GDP 比例较 2010 年降低 15% 到 2030 年科教投入占固定资产投资比例较 2010 年提高 15% 到 2030 年环境治理投入占固定资产投资比例较 2010 年提高 15% 到 2030 年能源消耗结构中煤炭比重较 2010 年降低 15%	7 080.98	30.10

7.4 本章小结

本章以兵团十大高排放产业为研究对象，将兵团高排放产业低碳发展系统划分为经济发展、能源消耗与碳排放三个子系统；运用 Vensim PLE 软件构建系统动力学模型，从三个子系统层面模拟 2030 年的兵团预期碳排放，进而探寻兵团低碳经济发展路径。主要研究结论如下。

第一，在兵团高排放产业的碳排放趋势上，研究期内多数产业碳排放表现为波动上升的态势，且各高排放产业间碳排放差异显著，呈现两极分化趋势。

第二，若无宏观环境影响和政策手段的介入，2019 年后兵团高排放产业的碳排放强度将在 2.9～3.0 吨/万元左右徘徊，碳排放强度将在 3％～6％浮动，且仅兵团高排放产业而言，将难以实现"2020 年单位生产总值二氧化碳排放量较 2015 年下降 12％"的政策目标。

第三，在兵团高排放产业低碳发展的路径仿真上，兵团高排放产业碳排放总量较初始状态都有一定程度的降低，但不同方案调整的边际效果各有不同。在 4 种单因素调整方案下，高排放产业产值占比、科教投入比例、环境治理投入比例、能源消耗结构 4 个单因素的调整均可改善兵团高排放产业的碳排放总量，但改善的边际效果不同。从实证结果来看，单因素下"能源消耗结构调整效果＞高排放产业产值占比调整效果＞环境治理投入比例调整效果＞科教投入比例调整效果"，但 4 种单因素方案下 2020 年兵团碳排放强度围绕 2.244～2.755 吨/万元变动，均高于 2015 年 2.08 吨/万元的碳排放强度。

第四，组合因素调整方案下，兵团高排放产业碳排放总量、能耗总量与碳排放强度较初始状态均出现了大幅下降，且越严格的组合情形下兵团高排放产业的碳排放总量、能耗总量与碳排放强度下降幅度越大。组合因素下情景设置越严格，调整效果越好。在组合情景 1 下，2030 年的碳排放较系统初始结果碳排放降低 1 207.28 万吨，即下降 11.92％；在较为严格的组合情景 2 下，2030 年的碳排放较系统初始结果碳排放下降 21.27％；在最严格的组合情景 3 下，2030 年的碳排放较系统初始结果碳排放下降 30.10％，较好地实现了碳减排目标。

第8章 兵团高排放产业低碳发展的
政策建议 ///////////////////////////////////

兵团处于经济发展上升阶段,具有重化工业和新兴工业并存的特点。对高排放产业进行碳减排系统研究,并制定针对性的低碳发展政策,有助于化解兵团产能过剩和工业中重化工业占比较大等问题。本章在兵团高排放产业客观发展的现有条件下,围绕能源结构调整、生产技术革新、产业结构优化与环境治保管理4个层面,分别对兵团高排放产业的低碳发展提出针对性的政策建议。

8.1 兵团能源结构调整政策

8.1.1 调整兵团煤炭开发力度,完善煤炭利用体系

研究结论显示,兵团能源消耗仍以煤炭为主,且高排放产业的煤炭能源消耗占比超过80%,研究对象所涉及的十大高排放产业的煤炭消耗占比更是高达90%;而煤炭的二氧化碳排放系数在兵团主要消耗能源中最高,达到0.747 6。因而,积极利用可再生能源、清洁能源,改变以煤为主的能源消耗结构,在长期中调整煤炭开发力度,完善煤炭利用体系,是控制兵团高排放产业碳排放的主要途径之一。

(1)兵团应健全煤炭等不可再生能源资源的保护机制,节制而有序地进行煤炭开采。一方面,严格落实新疆主体功能区战略,建立手段完备、数据共享、实时高效、管控有力、兵地协同的资源环境承载能力监测预警长效机制,根据煤炭开采企业的产能现状设置合理的煤炭开采量,对煤炭消耗行业进行长期的监督管理。另一方面,应实施火电、水泥、钢铁、煤化工等重点行业冬季错峰生产,把扬尘治理、压煤减排、提标改造、错峰生产作为主攻方向,强化各类建筑工地、工业堆料场扬尘综合控制。此外,推广能源清洁利用,严控燃煤消费总量,通过减少原煤直接燃烧量、推广使用洁净煤以及促进煤炭在发电、制气等方面的二次能源利用等方式,实现用煤结构优化。

(2)兵团应严格设置高耗煤行业的准入门槛,逐步限制发展高耗煤产业。

一方面，应严格限制或关停未按照国家规定程序报批矿区总体规划的煤矿项目，限制或关停煤炭资源回收率达不到国家规定要求的煤矿项目，限制或关停产品质量达不到《商品煤质量管理暂行办法》要求的煤矿，限制或关停无法实施技术改造的煤矿。另一方面，应严格管制高硫、高灰劣质煤生产使用，严格治理违法违规建设生产，严格治理超能力生产，以及严格治理煤矿产业的不安全生产。

（3）兵团应鼓励企业开展煤炭绿色生产，改进现有煤炭利用体系。一方面，优化煤炭生产与消费结构，积极推进煤炭分组分质、梯级利用。另一方面，加大洁净煤技术的支持力度，实现煤炭资源的高效利用和清洁利用，提高煤炭洗选加工转化和综合利用水平，解决煤炭生产导致的生态修复问题。

（4）兵团应将化解煤炭产能过剩与煤炭产业转型升级相结合。一方面，应严格控制煤炭行业新增产能，切实淘汰落后煤炭产能，有序退出过剩产能，探索保留产能与退出产能适度挂钩。另一方面，应通过化解过剩煤炭产能，促进煤炭采洗相关企业优化组织结构、技术结构、产品结构，创新绿色化、低碳化发展的体制机制，提升煤炭产业的综合竞争力，推动煤炭行业转型升级。

8.1.2 优化兵团能源消耗结构，推进可再生能源利用

通过前文对兵团高排放产业的能源生产与消耗结构的分析不难发现，化石能源依然是兵团高排放产业能源消耗结构中的基础能源和主要能源，高碳粗放式能源消耗路径依赖强，对基础能源的依赖在短期内难以改变。因此，合理调整高排放产业能源消耗结构，推进可再生能源利用，可以成为降低地区碳排放的辅助方式，具体政策建议如下。

（1）兵团具有得天独厚的地理优势，具有丰富的天然气、风能、水能和太阳能，而且国家和新疆政策规划中也已经明确规定非化石能源占比要达到一定比例标准。因此，兵团应充分利用国家的支持政策，大力发展可再生能源，在一定程度上限制煤炭直接进入终端消费，提高电力等清洁能源的使用比例，有计划、分步骤地开发利用地热能、太阳能、风能与沼气能源，广泛推广农村和畜牧业基地的沼气开发及运用，推动高排放产业的新能源全方位、宽领域高效应用。

（2）兵团具有向西开放的地缘优势，把新疆（兵团）建设成为我国重要的能源战略基地和陆路能源安全大通道，是维护国家能源安全的一项艰巨而

又光荣的战略使命。因此，兵团应紧抓对中亚、俄罗斯等周边国家和地区石油、天然气等资源合作开发的前景与风险研判评估，统筹开发利用境外能源资源，充分利用新疆的地缘优势和人文优势，开辟我国能源陆上安全大通道。

（3）推进可再生能源的利用与开发需要大批规划设计、生产加工、经营管理、工程技术、科研以及涉外等领域的专业人才和熟练技术人员，而新疆与兵团这方面人才奇缺，应及早筹划、储备和引用。因此，兵团应多途径培训、培养本地人才，鼓励高排放产业与科研院所实现产学研结合，建立清洁再生能源研发机构；新疆和兵团有关大专院校应根据建设能源基地和能源通道的需求，适当调整、优化专业结构，增设石油、石化、煤化工、风电等方面的专业。调整扩大新疆的化工、煤炭专科学校和技校招生规模，推动校企联合兴办技工学校或建立实训基地，培养大批技术员和熟练工人，招聘离退休的能源化工专家、教师来新疆协助培训。

8.1.3 综合利用兵团工业资源，提高能源利用效率

研究结论显示，兵团的高排放产业存在各师间发展水平不平衡、能源利用方式单一、资源再利用率较低等问题。未来应强化资源减量、再生资源回收和循环化、燃料替代等举措，推进区域、产业、行业间的协同发展是提升兵团高排放产业能源利用效率的关键途径，具体政策建议如下。

（1）以兵团高排放产业为载体，建设工业资源综合利用产业基地，开展工业资源综合利用重大示范工程建设。一方面，制定发布兵团工业资源综合利用先进适用技术装备目录，加快大宗工业固体废弃物综合利用先进技术装备和产品的推广应用，推动尾矿、煤矸石、粉煤灰、冶金渣、工业副产石膏、化工废渣、赤泥等大宗固体废弃物的综合利用。另一方面，在兵团内部区域间建立循环型工业发展体系，强化生态链接、原料互供、资源共享，促进兵团产业基地的链接共生和协同利用，提高清洁技术、能源初次利用及二次利用效率。

（2）建设再生产品、再制造产品推广平台和示范应用基地，提升兵团高排放产业的再循环、再使用、再回收、再制造能力。选择碳排放最高的"电力、热力生产和供应业，化学原料及化学制品制造业，石油、煤炭及其他燃料加工业，非金属矿物制品业，食品制造业"为代表，在生产环节推广使用再生材料；选择碳排放较重的黑色金属冶炼和压延加工业、农副食品加工业、纺织业、煤炭开采和洗选业、化学纤维制造业为代表，开展排放尾料、垃圾再生产

品推广应用。

（3）统筹规划兵团工业行业的再生资源、工业固体废弃物、垃圾资源化利用和无害化处置设施，建设一批跨区域资源综合利用、协同发展的重大示范工程。在区域上，以入选全国"低碳城市"的第一师阿拉尔市为示范，推进兵团其他师建设再生资源专业化、规范化回收体系，建立污泥无害化处理处置和跨区域资源化消纳利用的综合体系试点；在行业上，以高排放行业为试点推行产品生态设计，开展目标回收制和企业回收联盟试点，开展限制一次性用品使用制度试点并采取具体措施。

8.2　兵团生产技术革新政策

8.2.1　发挥技术进步对兵团低碳经济的贡献，突破低碳技术应用的多重"瓶颈"

消耗能源的高碳发展模式，在兵团经济快速增长和人民生活水平不断提高的同时，也带来了生态环境恶化、环境污染严重和资源利用率下降等问题。技术进步是减少碳排放的重要影响因素，为推进节能减排、实现低碳经济可持续发展提供了重要保证，具体政策可从以下方面着手。

（1）大力发展战略性新兴产业和低耗能产业，优化兵团产业结构。兵团各个研究所等研发机构可充分结合新疆光、热、风、水、生物质等资源优势，加快发展太阳能、风能、水能以及生物质能发电，不断提高替代能源发电在电力工业中的比重，形成以锂离子电池、太阳能电池、风力发电设备和地热能综合利用为主的新能源产业。

（2）加大自主研发和学习引入力度，推进兵团低碳技术发展。一方面，加大对资源再利用技术、生物技术、生态恢复技术和绿色消费技术等方面的自主研发力度，加速科技成果的转化和应用。另一方面，积极学习和借鉴其他地区在低碳技术领域超越本地的优秀技术，通过大量引进高新技术人才，积极培育低碳生产技术和排污技术等先进技术，推动引进低碳技术、绿色清洁技术本土化和再创新进程，进一步形成兵团独特的技术优势。

（3）增加兵团高排放产业的科学研究与试验发展（R&D）资本投入及R&D人员投入，优化升级企业能源消耗结构。一方面，兵团可通过财政补贴、税收优惠和绿色信贷等多种激励措施，激发企业在低碳技术创新方面的动力，引导企业不断加大在燃煤高效发电技术、脱碳与去碳等技术方面的资源投入。另一方面，改进完善 R&D 人才管理体制，创新 R&D 人才工作机制，重点培养低碳技术相关 R&D 人员，为低碳经济的发展提供智力支持。

8.2.2　研发兵团清洁生产设备与低碳工艺，推进末端治理向过程管控转型

研究结论表明，兵团高排放产业生产多以化石能源中的煤炭为主，天然气等绿色清洁能源较少。为协调兵团高排放产业能源消耗、生态环境保护与经济发展之间的均衡，兵团有必要用清洁生产的理念指导兵团高排放产业发展，从产品设计转向生产体系的设计，具体有如下举措。

（1）制定发展绿色经济的一系列政策法规，督促高排放产业进行清洁生产和研发低碳工艺。结合兵团高排放产业发展实际，按照节能减排和资源优化的原则，通过《环境保护法》《环境影响评价法》《固体废物污染环境防治法》等法律规定探索适应兵团的绿色经济评价指标体系，促进兵团高排放产业实现碳减排与绿色经济发展。

（2）加大兵团高排放产业工业园区"三废"处理力度，加强节能降耗建设。一方面，建立健全企业内部节能减排的激励机制，加强对高排放产业节能管理，各高排放产业需严格执行能耗和环保标准。另一方面，鼓励各企业及时采用当前先进的清洁生产工艺和设备实现节能，通过借助科技手段研发最新生产工艺、生产技术，在保证正常生产的同时降低工业发展对周围环境的破坏。

（3）加强兵团高排放产业负责人及其员工的社会责任意识，积极推进清洁生产和节能减排、清洁生产审核。将清洁生产作为一种环境预防整体战略，切实应用在产品生产和服务全过程中，引导企业积极利用低碳工艺进行生产，减少或避免生产、服务和产品使用过程中污染物的产生和排放，从源头削减污染、提高资源利用效率，最大限度地减少或消除对环境的危害。将环境保护和企业效益有效结合，使企业在环境治理中发挥积极主体作用，引导企业在稳定达标排放的同时进行深度治理。

8.2.3　完善科研成果转化的激励与评价机制，推进兵团低碳科研成果的转化应用

新疆与兵团多所高校具有雄厚的科研力量、较丰硕的专利技术和科研成果，基本具备校企合作和产学研结合的科技资源优势，但是存在科研资金投入不足和科研成果转化力弱的瓶颈。可通过校企合作、产学研结合的方式实现优势互补，既能解决高校低碳技术成果转化和科研经费不足的问题，也能缓解企

业缺乏低碳技术人才及研发能力不足的问题，校企合作成果转化对高校和企业的发展将起到较大的作用。

（1）完善科技成果转化的科研成果评价体系，促进兵团科技创新发展。一方面，可通过建立研发税收激励计划，将企业投入在研发过程中的部分税费予以返还，或减免积极参与企业的税收，以激发企业对低碳技术研发的科研热情。另一方面，通过健全促进科研人员积极推动科技成果转化激励机制，鼓励科研人员进入企业，实现技术供需衔接，提高企业科研能力。

（2）构建科技成果转化市场的评价机制，为高校科研建立产业化导向。一方面，深化科技计划管理改革，将市场思维贯穿于科技计划实施全过程，对基础研究、应用研究、产业示范进行全链条设计、一体化实施，把知识产权创造和运用纳入科技计划评价体系，实现从技术研发到市场应用的有机贯通。另一方面，进一步优化高校自身科研力量和整合各类科技资源，推动与市场机制有机结合，向社会提供开放共享平台，改进产学研合作方式，突出成果转化与产业化导向。

（3）探索创新科技成果转移转化机制，加强高校科技成果转移转化能力。搭建一条集知识产权转让、许可、融资及产业化等服务于一体的科技成果和科技产权交易流通渠道，以及风险投资进出通道，促进专利、商标、版权等主要知识产权成果转化，实现科技资源的合理配置，培育繁荣的低碳技术市场。

8.3 兵团产业结构优化政策

8.3.1 聚焦兵团产业转型升级，促进新经济、新业态产生

研究结论表明，兵团十大高排放产业均为资源型产业（如煤炭开采和洗选业，石油、煤炭及其他燃料加工业，非金属矿物制品业，黑色金属冶炼和压延加工业）以及耗能较大的上下游产业（如化学原料及化学制品制造业，化学纤维制造业，电力、热力生产和供应业），并实证了产业规模因素是促进高排放产业碳排放增加的主要因素，兵团十大高排放产业扩大产业生产规模导致碳排放居高不下。因而，急需促进新经济、新业态产生，重视兵团产业转型升级，具体政策建议如下。

（1）推动兵团产业结构转型升级，数字化赋能改造和提升传统产业。长期以来兵团产业结构中第一产业占比过高、第三产业占比偏低、第二产业单一且

基础薄弱，呈现出"一、三、二""二、一、三"或"二、三、一"的发展格局。一方面，应促进兵团产业由高消耗向高效率转变，由粗加工向深加工转变，由低端产品向高端产品转变，促进产业做大做强。切实推动兵团高排放产业结构的转型升级，延长产业链、产品链、价值链，发展深加工、高附加值的产业，从而有效抑制兵团碳排放增长惯性。另一方面，鼓励运用高科技和先进适用技术改造提升兵团制造业，提高自主知识产权、自主品牌和高端产品比重，引导和推动钢铁、水泥、造纸、装备制造业等领域企业的兼并重组。

（2）增加兵团文化旅游业、新材料产业、现代物流业的产值贡献，促进新型产业百花齐放。一方面，应推动现代服务业重点行业、重点领域跨越发展，实现现代服务业与工业、农业的深度融合；在"一带一路"倡议实施中兵团具有政策优势与后发优势，应主动融入和适应新疆"一带一路"战略规划，助力并融入丝绸之路经济带上重要的交通枢纽中心、商贸物流中心、金融服务中心、文化科教中心、医疗服务中心的建设。另一方面，应以"互联网＋旅游＋资本运营"为手段，探索推进旅游业与金融、互联网融合发展，提升兵团旅游业资源、要素整合集成能力和模式创新能力，并鼓励应用可再生能源、新型建材和新能源交通工具，强化低碳宣传教育，打造兵团低碳旅游路线和兵团旅游品牌。此外，兵团应大力发展绿色物流，推广新能源汽车等节能型汽车的应用，实现兵团物流运输环节低碳化，提高电力、压缩天然气等清洁能源的使用比例。

（3）引导兵团重工业的稳健绿色化增长，降低高排放产业产值占兵团GDP 比例。一方面，兵团应坚持绿色发展理念先行，推动工业与环境同步飞跃，大力推动兵团工业优化转型升级，把工业节能减排作为兵团转方式、调结构的重要抓手，聚力工业生态绿色发展，实施传统制造业清洁化改造、工业能效提升行动，推进资源高效综合利用和构建绿色制造体系等工作并取得积极成效。另一方面，推动兵团新型工业化的可持续发展，对高耗能产业和产能过剩行业实行能源消耗总量控制，其他产业按先进能效标准实行能耗强度约束；严格新建项目准入门槛，研究制定重点行业单位产品温室气体排放标准。

8.3.2 根据行业特质调整产业规模，预防落后产能过度扩张

前文实证研究表明，兵团高排放产业中的资源型产业规模较大，且产值占比持续上涨；2018 年兵团高排放产业产值为 1 318.92 亿元，占规模以上工业总产值的比重高达 66.84%；资源型产业产值在兵团高排放产业中占比

26.22%。资源密集型产业往往伴随高污染、高能耗、高排放的特征，使兵团低碳转型发展困难重重。加上各产业发展阶段不一、面对低碳发展的关键要素不同，其低碳转型的模式自然也应该有所差异、因产施策。因此，针对高排放产业的差异化特征，兵团应通过产业结构低碳化政策实现异质性高排放产业的低碳发展。

（1）限制部分产业的规模扩张，利用整合优势降低治污成本。一方面，对于典型的资源型终端需求拉动产业，应限制其产业规模的进一步扩大。"煤炭开采和洗选业，石油、煤炭及其他燃料加工业，非金属矿物制品业，黑色金属冶炼和压延加工业"这四类典型的资源型终端需求拉动产业，对化石能源消耗、铁矿石等原材料的质量高度依赖，需要解决当前技术装备水平落后、技术改造和升级的压力巨大、焦煤和废钢的运费等成本不断上涨、下游承受能力有限以及钢材综合产品价格不断走低的现实难题，通过补贴、市场横向纵向合并实现资源整合以增加行业利润、稳定经营效益，防止通过购买低品质矿石来降低生产成本所引致的炼铁能耗高和污染加剧等负面问题。另一方面，以农副食品加工业、纺织业、造纸及纸制品业为代表的传统加工产业适宜整合规模，不宜过度扩大。比如，造纸及纸制品业是典型的传统产业，尽管国内需求增加，但该产业对上游木浆木片等原材料的依存度极高，核心造纸设备被国际品牌垄断，环保治污成本不断攀升的现实造成产能严重过剩，使得造纸及纸制品业靠规模扩张发展的效益模式明显。行业市场竞争已经发展到淘汰、整合、重组阶段，通过兼并实现"林纸一体化"的规模扩张，从而利用整合优势降低治污成本，降低碳排放。

（2）促进高排放产业的产业结构升级，提升高排放产业的产业集中度和市场集中度。大力推动工业转型升级，是兵团新型工业化绿色发展、可持续发展的根本出路。一方面，按照产业转移规律，目前兵团招商的企业大多处于资源密集型产业链的高能耗强度、低附加值环节，主要业务多属于技术成熟型、市场饱和型产品，因此要做好重点行业的循环经济发展。在有色金属、水泥、化学化工、电力等行业推广循环经济技术，建设一批循环经济示范企业；以循环工业模式为目标，形成清洁生产、综合利用深加工、高新技术产业和工业生态链企业为主体的产业集群，建立能耗低、污染少、投资密度大、效益好的资源节约型发展模式。另一方面，用好兵团区位优势、资源优势和政策优势，积极推进高排放产业相关生产要素向产业园区集中转移，加强高排放产业之间的技术共享，提高产业集中度和市场集中度，有效促进高排放产业的上下游产业发展；并利用新疆边疆的区位优势与"一带一路"优惠政策，将能源产业的初级生产活动布局到资源密集、市场需求大的国家区域，积极开拓海外市场，以缓解过剩产能、市场饱和与需求不足等瓶颈问题。

8.3.3 大力发展兵团绿色碳汇产业，加快培育新能源产业

克拉玛依市自 2016 年被新疆列入首批自治区级低碳试点城市以来，大力发展绿色碳汇产业，并着力落实风能、太阳能等清洁能源的综合开发利用，取得了长足进展。兵团高排放产业实现低碳发展，可以借鉴具有相似地理特征与资源特征的克拉玛依市的低碳发展实践经验，具体政策建议如下。

（1）兵团应发挥植物碳汇作用，积极开展碳汇造林。碳汇的生产、自我开发与贸易共同构成碳汇产业，发展碳汇产业是推进兵团低碳经济发展的关键步骤，而新能源产业主要源于新能源的发现和应用，发展新能源是突破低碳经济发展困境的主要手段。一方面，应持续开展新优植物引种驯化工作，增强绿色植物吸收二氧化碳的能力，继续挖掘碳减排途径，完善植物种类配置，努力提高城乡园林绿化率，增强生态系统的固碳能力。另一方面，应通过加快林业产业集聚，积极开展碳汇造林，开展林业碳汇研究，加快培育二氧化碳吸收率高的树种和品种，探索二氧化碳清除率高的营造林模式，加强碳汇林固碳能力的计量与监测，为碳汇林的营建提供科技支撑。

（2）结合兵团自然条件与区域优势，培育新能源产业。一方面，着眼兵团的比较优势，选择风能、太阳能、干空气能、生物质能等重点领域，突出发展在国内资源、技术、市场等方面优势明显的风机制造、太阳能级硅片、干空气能驱动独立空调系统、沼气发电工程等高技术产业化项目，并发展一批具有较高研发水平、市场竞争力的企业，形成兵团新能源产业链，促进兵团新能源产业的快速发展。另一方面，全面落实国家支持新能源产业化发展政策，结合兵团实际研究制定新能源产业链加快发展的扶持优惠政策，采取优惠的电价收购政策、可再生能源强制性市场配额政策、投资补贴和税收优惠等政策，促进兵团新能源产业链发展。

（3）加大兵团产业整合力度，淘汰已有落后产能。一方面，切实整顿治理控制资源不开发的囤积行为和掠夺性无序开发行为，加强对中小型能源企业的整合、重组、改造，推进生态化、规模化、集约化和高效化经营。另一方面，立足长远，下决心淘汰一批高能耗、高污染、资源浪费严重、生产能力落后的电力、煤炭、钢铁、水泥、有色金属、焦炭、造纸、制革、印染等行业的能源

企业。此外，对无法按时淘汰产能的高排放企业，停止项目审批和资金投入，扣押或者吊销其排污许可证和生产许可证。

8.4 兵团环境治保管理政策

8.4.1 强化组态化分类治理，提高化工类与电热类行业的规制强度

主要依赖煤炭的化工类和电热类行业，在兵团高排放产业中能源消耗量较大。受客观资源禀赋条件的影响，化工类行业对于兵团资源密集区域的经济贡献程度高，而电热类行业又是保障其他行业和民生的基础，故而在推进碳减排进程时应尊重经济规律和产业发展规律，循序渐进。在实际推进碳减排工作时需双重考量经济发展与生态环保的平衡，避免"一刀切"地限制高耗能项目对地区发展造成负面影响。

（1）提高化工类行业门槛，补贴降碳、减碳和碳捕捉技术开发应用。一是以财政补贴、税收减免等方式加快原油直接裂解制乙烯、合成气一步法制烯烃、智能连续化微反应制备化工产品等节能降碳技术开发应用。二是有序推动石化、化工行业等重点领域节能降碳，编制高碳产品目录，稳妥调控部分高碳产品出口。三是提升中低品位热能利用水平，推动用能设施电气化改造，合理引导燃料"以气代煤"，适度增加富氢原料比重。四是鼓励石化、化工企业因地制宜、合理有序开发利用"绿氢"，推进炼化、煤化工与"绿电""绿氢"等产业耦合示范，利用炼化、煤化工装置所排二氧化碳纯度高、捕集成本低等特点，开展二氧化碳规模化捕集、封存、驱油和制化学品等示范。

（2）提高电热类行业的能源利用效率，加强监察机构的监管监测职能。一是实行兵团工业碳配额制度，倒逼发电供热等传统行业提高资源消耗的经济产出率、能源使用效率，开拓清洁能源领域，建设绿色电网。二是进一步加强电力市场和碳市场机制联动，扩大碳市场的覆盖范围，争取纳入更多行业和非二氧化碳温室气体。三是完善环境应急管理体系，加大执法和处罚力度，坚决追究环保违法者的有关责任。建立健全各级环境应急机构，建立跟踪监测环保系统和GDP能耗的分析监测机制，及时掌握能源消耗情况，健全环保、环评目标责任制。

8.4.2 创新兵团低碳经济的政策制度，加大财政资金的支持力度

兵团长期依赖高能耗、高污染、高排放的高碳经济发展模式，与国内外倡

导的低碳经济转型的大趋势相悖。在倡导使用清洁能源和生态环境保护的双重压力下，低碳经济作为一种以低能耗、低污染、低排放为基础的经济发展模式，将成为兵团经济可持续发展的新趋势。

（1）出台长效的环保财税政策，建立低碳约束机制。一方面，对兵团高排放产业开征环境保护税。针对兵团高排放产业环境保护税的税目可包括二氧化碳税、水污染税、化学品税等，根据对环境的破坏程度实行不同的税率。另一方面，对兵团高排放产业征收消费税。煤炭作为对兵团高排放产业碳排放量贡献最大的化石能源，也应纳入消费税的征收范围；对导致环境污染严重的消费品，实行不同的税率。可将环境保护税和消费税收入纳入专项基金，全部用于环境保护与治理。

（2）完善财政补贴细则，引导企业发展低碳经济。一方面，利用财政杠杆和补贴，对企业有关环境治理、稀缺资源保护等费用进行补贴或退税；对自觉进行污水、排放气体治理的企业，在贷款利率、还贷条件等方面给予其政策优惠；对企业能源、节能减排等低碳技术改造给予补贴或补助，引导企业加强环境保护和资源节约循环高效利用。另一方面，完善税收优惠政策，对投资于风能、太阳能、水能、生物质能、干空气能等可再生能源开发或二氧化碳捕获与埋存技术的企业，在一定年限内给予减免所得税的优惠政策。除此之外，利用国家财政补贴引导兵团各城市、各师团、建制镇等区域在公交车、私人汽车、出租车等出行领域积极推广清洁能源以及节能汽车，多途径促进兵团低碳经济发展和低碳生活方式与时俱进。

8.4.3　完善兵团绿色金融的内部机制，拓宽减排项目的融资渠道

随着我国经济结构的转型升级，绿色金融作为经济可持续发展、产业结构转型的重要支撑，近年来在我国发展迅速并取得了显著成效。兵团也需要完善绿色金融机制，破除绿色融资瓶颈，以促进兵团经济、产业结构的优化调整。

（1）完善绿色金融激励与约束机制，健全绿色金融监督与管理机制。一是健全对金融部门开展绿色金融的激励和约束机制，对支持环境友好型、资源节约型金融项目的金融部门，应采取扩大其贷款的利率浮动幅度、实施减免存款准备金等激励措施。二是对于向高耗能、高污染的项目和企业提供服务的金融机构，应对违规的污染企业实施惩罚性措施。三是兵团金融监管机构应设立针对绿色金融业务的专门管理部门或专职审批岗位，建立对金融机构的绿色评估、奖惩体系，统一绿色信贷统计标准，规范绿色信贷评估方法，加强与绿色

金融实体联系，定期全面综合评估金融机构绿色金融实施情况，实现对绿色金融实体和金融市场的协同管理与服务。

（2）完善商业银行绿色金融建设，拓宽节能减排项目的融资渠道。一是商业银行应明确业务发展的主要着力点，完善绿色信贷、绿色金融业务的范围、标准，大力支持综合环境治理、清洁能源利用和工业节能减排等绿色项目。二是将绿色信贷认定嵌入信贷流程，分类管理客户的环境和社会风险，并将系统风险等级标识嵌入信贷全流程，打造银行金融服务绿色品牌。三是积极满足近年来日益增长的对节能减排项目的资金需求，保障节能减排项目的顺利推进，建立银行节能项目贷款窗口，创建新的金融工具，促使更多的商业贷款进入金融领域。四是进一步形成节能项目商业贷款担保机制，在节能领域开展银行绿色信贷业务，加大对节能服务公司股权融资的力度，并为节能减排项目提供股票、债券等多种融资项目。

8.4.4　增强兵团环境治理的落实程度，提高环境规制的实施强度

碳排放随着兵团高排放产业的发展而日益增加，对环境造成了严峻压力。为切实保护兵团生态环境，促进兵团高排放产业的绿色发展和实现兵团可持续发展，应落实环境治理政策，加大环境规制力度，具体措施如下。

（1）加大企业治理设施建设力度，保持对碳排放的惩戒高压态势。一方面，应按照"谁污染、谁买单"的原则，利用政策和市场倒逼机制，制定严格、规范的排污费征收政策，使企业探索开展碳排放总量控制，淘汰低端落后生产技术，鼓励支持企业积极转变传统生产技术，从源头上大幅度减少碳排放。另一方面，需对企业碳排放进行监管。推行大数据监控、视频监控、网上申报、电子联单等技防措施，提升碳排放技防水平；采用随机抽查和例行检查相结合的方式，常态化开展碳排放专项执法检查；加强多部门联合执法、联合惩戒，将违法企业纳入环境保护失信名单、实行公开曝光，坚决追究违法者有关责任。

（2）合理提升环境规制强度，启动碳排放权交易市场。一是尽快完善兵团碳排放相关环境法律法规，完善高耗能企业和高污染企业的退出机制。二是鼓励企业主动公开温室气体排放信息，推动兵团温室气体排放数据信息的实时公开。三是成立相应的组织管理机构，切实履行好监管职责，从根本上遏制污染密集型生产方式，推动产业结构合理化和高级化。四是制定碳交易相关法律法规，积极筹建基于配额的碳排放交易市场，探索命令控制型环境规制与市场型

环境规制工具的有机结合，完善以清洁发展机制项目为代表、基于项目的碳排放权交易。五是进一步探索排污费、环境税和污染排放权交易等相关市场化政策的实施机制，对环境污染建立有效的信息反馈和监督渠道，引导和规范非政府组织、环保组织等环保主体的多元化健康发展。

第 9 章 研究结论与研究展望 /////////////////

9.1 主要研究结论

本书基于兵团高排放产业低碳发展的现实条件，通过实证研究探索了兵团高排放产业面临的碳排放现状及影响碳排放的各个要素，并从研究结果出发对兵团高排放产业的低碳发展进行路径设计，主要研究结论如下。

第一，描述性概括了兵团高排放产业的能耗现状及低碳发展困境，从能耗总量、能耗占比、能耗强度等方面进行深入分析，有以下几点发现：①界定了兵团十大高排放产业。2005—2018 年兵团能源消耗量排名前十位的产业分别是电力、热力生产和供应业，化学原料及化学制品制造业，石油、煤炭及其他燃料加工业，非金属矿物制品业，食品制造业，黑色金属冶炼和压延加工业，农副食品加工业，纺织业，煤炭开采和洗选业，化学纤维制造业。②兵团高排放产业的能源消耗总量基数庞大，且呈现逐年递增的发展态势。③兵团高排放产业的能源消耗占比排序依次为原煤、电力、天然气、液化石油气。原煤的能耗占比最高（80％左右），是兵团高排放产业的主要用能，变动幅度稳定在10％；天然气、液化石油气等能耗占比相对稳定，增减幅度相对较小，变动相对稳定；电力能耗占比逐年上升。④兵团的能耗强度呈现倒 U 形发展趋势，从各个产业的能耗强度来看，均出现了不同程度的起伏。

第二，测度兵团十大高排放产业以及兵团各师的碳排放总量，从碳排放总量特征、碳排放增速特征、碳排放占比特征以及碳排放强度特征 4 个方面为出发点，分别对兵团十大高排放产业碳排放和兵团各师碳排放的测评结果进行综合分析，得到如下结论：①对于兵团十大高排放产业碳排放来说，2005—2018年兵团十大高排放产业的碳排放量基本表现为"小幅波动，大幅增长"，各高排放产业间的碳排放量表现为两极分化特征；兵团大部分高排放产业的碳排放量增长率逐渐由正转负或增长率逐渐降低，高排放产业碳排放量在减少且有好转态势；各类高排放产业碳排放量占工业碳排放总量的比重表现出"微波动，趋降低"的变化特征，兵团各高排放产业碳排放强度呈现"高差异，缓降低"变化态势。②对于兵团各师碳排放来说，2005—2018年兵团整体碳排放量始终保持增加趋势，碳排放量高的师"高波动"，碳排放量低的师"微变化"；多年来兵团高排放产业的碳排放增长率表现出"稳下降，强波动"的特征，同时呈现出双M形的波动变化趋势；兵团碳排放强度大致呈现出波动的倒V形变化趋势，兵团各师的碳排放强度在空间层面差异显著，呈现"北高南低"的空间分布特征。碳排放强度高的师，其变化趋势大致趋于先升后降；碳排放强度偏低的师，其变化趋势大致表现为波动降低。

第三，从碳排放总量、增长率、占比、排放强度4个层面对兵团各师碳排放特征展开探查，对于兵团各师碳排放排序为本书的原创性结论：①从总体碳排放量特征来看，2005—2018年兵团整体碳排放量逐年增长并呈现"北高南低"的空间格局，兵团各师碳排放总量排序为八师、六师、十三师、七师、四师、一师、三师、五师、二师、十师、十二师、九师、十一师、十四师。②兵团各师的碳排放增长率在空间区域上主要表现为"北高南低"，各师碳排放增长率的排序为十三师、三师、十师、六师、十二师、八师、二师、七师、四师、五师、一师、九师、十四师、十一师。③兵团各师碳排放量占兵团碳排放总量比例的排序为八师、六师、十三师、七师、四师、一师、三师、五师、十师、二师、九师、十二师、十一师、十四师。④兵团各师碳排放强度排序为十三师、八师、六师、七师、四师、五师、十师、三师、九师、一师、二师、十二师、十四师、十一师。

第四，本书将兵团高排放产业碳排放效应分为外溢效应、碳足迹效应、脱钩效应和因果关联效应，通过空间计量模型和碳足迹探究兵团高排放产业碳排放的时空变化，采用碳排放脱钩模型和格兰杰因果关系检验对兵团高排放产业碳排放影响因素进行初步分析。主要研究结论如下：①从空间角度分析兵团碳排放外溢效应发现，随着兵团邻近师的碳排放水平的升高，本师的碳排放水平会降低；产业结构、产业规模、能源结构和能源强度对兵团各师碳排放影响均显著为正。②从兵团高排放产业碳足迹中可知，总体上兵团高排放产业主要能源利用的总碳足迹呈现上升趋势；分行业来看，兵团高排放产业中"电力、热力生产和供应业，化学原料及化学制品制造业，石油、煤炭及其他燃料加工业"能源利用的碳足迹既是兵团高排放产业主要能源利用碳总足迹的主要组成部分，也是煤炭利用碳足迹的主要组成部分。③从兵团高排放产业碳排放脱钩效应可知，总体上兵团高排放产业经济增长与能源消耗碳排放间的脱钩类型主要以弱脱钩和扩张负脱钩为主，其脱钩状态并未从弱脱钩状态顺利转向强脱钩状态；分行业来看，兵团控制和削减高排放产业煤炭消耗总量的效果显著，70％的高排放产业碳排放与经济增长的脱钩状态有所改善或保持稳定。④从兵团高排放产业碳排放的因果关联效应可知，总体上高排放产业能源消耗是影响兵团碳排放量的直接原因，产业结构对碳排放量的影响存在一定的时效性；分行业来看，能源消耗对兵团高排放产业碳排放量影响较大的有化学原料及化学制品制造业，产业结构对兵团高排放产业碳排放量影响较大的有食品制造业、化学原料及化学制品制造业。

第五，通过构建 LMDI 模型，运用扩展的 Kaya 恒等式与 LMDI 模型相结合的分解分析法，选取能源结构因素、能耗强度因素、产业结构因素、产业规模因素，对兵团高排放产业碳排放的影响因素展开分析，并进一步采用 STIR-PAT 模型验证 LMDI 分解法回归的稳健性，主要有如下发现：在整体产业的碳排放量影响上，能源结构因素对其影响由"抑制"转为"拉动"，产业结构因素和产业规模因素对其具有拉动作用，而能耗强度因素是抑制高排放产业碳排放增加的主要因素；产业规模效应对高排放产业碳排放增加的贡献度最大（119.10％），而能耗强度效应对高排放产业碳排放减少的贡献度最大（36.82％）。具体来看：①能源结构因素对兵团高排放产业碳排放增加的正效应逐渐增强。2006—2012 年兵团十大高排放产业碳排放的能源结构效应均为负值，表明能源结构因素对兵团高排放产业的碳排放起到抑制作用；而 2013—2018 年兵团能源结构效应转为正值，表明能源结构效应导致兵团碳排放逐年增加。②能耗强度因素是抑制兵团高排放产业碳排放增加的关键因素。2012 年之后兵团高排放产业的能耗强度的负效应减弱，表明兵团的企业科技水平面临"瓶颈期"。③产业结构因素对碳排放增加的正效应逐渐增强，兵团高排放产业对兵团工业整体的经济总量贡献度较高。④产业规模因素对碳排放的贡献度逐年增长，兵团十大高排放产业的产值仍旧不断增大。从分解结果来看，2006—2018 年兵团高排放产业规模效应为正值，表明兵团经济增长直接导致碳排放的逐年增加。

第六，在分行业碳排放影响上，能源结构因素主要对兵团 70％的高排放产业的碳排放增加起拉动作用，能耗强度因素主要对兵团 40％的高排放产业的碳排放增加起到拉动作用而对纺织业的碳排放增加起到明显的抑制作用，产业规模因素对兵团十大高排放产业的碳排放增加均起到拉动作用，产业规模因素是促进高排放产业碳排放增加的主要因素。具体来看：①兵团电力、热力生产和供应业的碳排放逐年增加，其能耗强度是该产业碳排放减少的主要因素，能源结构和产业规模因素对该产业碳排放的增加均有拉动作用；②兵团纺织业的碳排放不存在逐年增加的趋势，其能源结构因素和能耗强度因素对该产业碳排放的增加均具有抑制作用；③兵团非金属矿物制品业的碳排放呈现倒 U 形增加趋势，且能源结构、能耗强度因素对该产业碳排放的抑制作用增强，而产业规模效应表现为较强的碳排放拉动作用；④兵团黑色金属冶炼和压延加工业的碳排放具有降低的趋势，且其能源结构是该产业碳排放增加的关键因素，而能耗强度因素与产业规模因素均是该产业碳排放增加的重要因素；⑤兵团化学纤维制造业的碳排放逐年增加，且其能源结构和产业规模因素对该产业碳排放的带动作用明显，而能耗强度因素是该产业碳排放减少的主要因素；⑥兵团化学原料及化学制品制造业的碳排放逐年大幅增加，且其能源结构因素、能耗强度因素和产业规模因素对该产业碳排放的增加均具有拉动作用；⑦兵团煤炭开采和洗选业的碳排放呈现倒 U 形增加的趋势，且其能源结构因素和产业规模因素对该产业碳排放的增加具有拉动作用；⑧兵团农副食品加工业的碳排放逐年增加，且其能源结构因素和产业规模因素对该产业碳排放的增加均有拉动作用，而能耗强度因素则体现对碳排放的抑制作用；⑨兵团石油、煤炭及其他燃料加工业的碳排放逐年大幅增加，且产业规模因素是该产业碳排放增加的主要因素，能源结构和能耗强度因素能够起到抑制作用；⑩兵团食品制造业的碳排放逐年增加，且能耗强度和产业规模因素均带动了该产业碳排放的增加，能源结构因素对碳排放的抑制作用增强。

第七，以兵团的十大高排放产业为研究对象，基于系统动力学方法将兵团高排放产业低碳发展系统划分为经济发展子系统、能源消耗子系统与碳排放子系统三个子系统，采用 Vensim PLE 软件进行仿真模拟分析，研究发现：高排放产业产值占比调整、科教投入比例调整、环境治理投入比例调整、能源消耗结构调整 4 个单因素均可改善兵团高排放产业的碳排放总量，但改善的边际效果不同。从实证来看，能源消耗结构调整效果＞高排放产业产值占比调整效果＞环境治理投入比例调整效果＞科教投入比例调整效果。其中：①高排放产业产值占比的下降是减少碳排放的首要前提与基础路径。实证结果表明，在高排放产业产值占 GDP 比重下降 5％的情形 1 下，2030年碳排放较初始状态减少 5.54％；在高排放产业产值占 GDP 比重下降 10％的情形 2 下，2030 年碳排放较初始状态下降 11.54％；在高排放产业产值占

GDP 比重下降 15% 的情形 3 下，2030 年碳排放较初始状态下降 17.84%。②科教投入比例的提升是碳排放降低的间接方法和长期选择。实证结果表明，在科教投入占固定资产投资比例提升 5% 的情景 1 下，碳排放总量较初始状态下降 2%；在科教投入占固定资产投资比例提升 10% 的情景 2 下，碳排放总量较初始状态下降 5%；在科教投入占固定资产投资比例提升 15% 的情景 3 下，碳排放总量较初始状态下降 9%。③环境治理投入比例的提升是降低碳排放的补救措施和配套方法。实证表明，在环境治理投入占固定资产投资比例提升 15% 的情景 1 下，碳排放总量较初始状态下降 5%；环境治理投入占固定资产投资比例提升 20% 的情景 2 下，碳排放总量较初始状态下降 10%；环境治理投入占固定资产投资比例提升 25% 的情景 3 下，碳排放总量较初始状态下降 15%。④煤炭在能源消耗中占比的下降是碳排放降低的有效措施和重要手段。实证表明，在能源消耗结构中煤炭比重降低 5% 的情景 1 下，碳排放总量较初始状态下降 7%；在能源消耗结构中煤炭比重降低 10% 的情景 2 下，碳排放总量较初始状态下降 16%；在能源消耗结构中煤炭比重降低 15% 的情景 3 下，碳排放总量较初始状态下降 23%，且较能源消耗结构中煤炭比重降低 5% 的情景 1 的碳排放总量减少了 1 620.87 万吨。⑤组合因素下情景设置越严格，调整效果越好。组合因素调整方案下，越严格的组合情形下兵团高排放产业的碳排放总量、能耗总量与碳排放强度较初始状态下降幅度越大。在组合情景 1 下，2030 年的碳排放较系统初始结果碳排放降低 1 207.28 万吨，即下降 11.92%；在较为严格的情景 2 下，2030 年的碳排放较系统初始结果碳排放下降 21.27%；在最严格的组合情景 3 下，2030 年碳排放较系统初始结果碳排放下降 30.10%，较好地实现了控碳目标。⑥在碳排放强度的下降上，组合情景 1、组合情景 2 和组合情景 3 在 2020 年的碳排放强度依次下降，相较于 2015 年碳排放强度分别下降了 3.82%、8.13% 和 15.31%，表明依靠单一变量对模型进行调整具有较大的局限性，在实际情况中兵团高排放产业降低碳排放需要多种调控政策相互配合，才能发挥最佳的政策效果。

9.2　研究创新及主要特色

第一，选题比较新颖，研究视角具有一定的创新性。目前明确对兵团高排放产业的碳排放强度、排放效应与影响因素、低碳发展路径展开系统性研究的相关文献非常罕见，本书有助于开拓兵团产业与区域研究的视野，体现了在研究视角方面的创新性。

第二，在研究方法上，尝试测算碳排放系数，通过改进 Kaya 恒等式，利用 LMDI 分解法、脱钩分析法、主成分分析法等对兵团高排放产业整体和分行业的碳排放影响因素进行分解，并运用系统动力学方法探究兵团高排放产业的低碳发展路径。以上多种方法综合运用有助于深入把控与探察兵团高排放产业的碳排放强度、排放效应与影响因素、低碳发展路径。

第三，从研究对象看，兵团是有别于城市、经济圈以及其他区域的特殊区域，对兵团高排放产业的碳排放水平、排放效应、影响因素与低碳发展路径的相关研究属于相对特殊、较为新颖的领域。选择兵团地区为研究样本，界定兵团的高排放产业，将系统论的思想贯穿碳排放测度、碳排放影响因素、减排路径三个层次，从而使研究对象更加精准、更具有针对性。

9.3　学术价值与社会效益

9.3.1　学术价值

（1）本书有助于促进跨学科交叉领域的研究。本书在对兵团地区整体及各行业碳排放、碳减排、低碳发展等相关研究中，主要涉及资源经济学、生态经济学、发展经济学、环境经济学等多个学科体系，具有相对较强的学科交叉性。因此，本书从理论上丰富了绿色经济与低碳经济等跨学科研究的内容。

（2）本书是对兵团高排放产业碳排放研究体系进行的有益补充。目前，国内外有关兵团地区的碳排放研究样本相对单一，大部分研究主要基于兵团整体的环境质量做出评判，缺乏对行业内环境污染的细分及比较研究。本书选择兵团为研究样本，首先对兵团高排放产业的发展现状及兵团低碳发展的困境进行系统的理论分析，且通过温室气体清单编制中的排放因子对兵团十大高排放产业的碳排放进行计算；其次对兵团高排放产业碳排放效应进一步进行分类测度与分析，然后采用 LMDI 分解法及 STIRPAT 模型对高排放产业进行碳排放影响因素分解分析和稳健性检验。因此，在研究样本中，主要是对分行业及整体的能源消耗特征、碳排放特征以及碳排放的影响因素进行系统研究，有效弥补了现有研究的不足，同时针对研究结果探讨了兵团如何实现低碳发展的路径选择，对新疆和西部地区有一定借鉴价值。

（3）本书践行了兵团低碳发展的政策要求，探索了兵团高排放产业低碳转型的可能路径。党的十八大报告明确指出要促进经济的低碳化发展，实现经济与环境的协调进步，并将环境治理与政治、经济、文化和社会建设一体，并入国家的战略总体布局中。习近平于 2020 年 9 月在第七十五届联合国大会一般性辩论上提出"二氧化碳排放力争于 2030 年前达到峰值，努力争取 2060 年前实现碳中和"，2022 年的政府工作报告中也将"做好碳达峰、碳中和工作"列为 2022 年重点任务之一，"十四五"规划也将加快推动绿色低碳发展列入目标计划，由此可见低碳发展已经提升为国家战略的高度。低碳经济发展是根据兵团经济发展、产业转型的现实情况及社会发展规律而做出的正确选择。本书基于系统动力学模型及相关实证结果，从低碳经济视角探究兵团高排放产业低碳发展的路径选择，为兵团的经济低碳化发展提供相关的理论及数据支撑。

（4）在研究过程中形成了一系列较为丰硕的阶段性成果，共发表 15 篇论文，其中 CSSCI 论文 9 篇。这些阶段性成果不仅在低碳经济、低碳减排、高排放产业碳排放效应测度、碳排放影响因素、低碳路径选择、环境治理、绿色发展等领域具有一定的学术价值，而且对于兵团实现碳达峰目标和碳中和愿景提供"有为之手"的绿色新政、提升内生性"绿色增长"的新动能、兵团高排放产业的转型升级、能源结构的合理优化、低碳排减排路径选择等研究领域也具有本土化的应用价值。

9.3.2 社会效益

高排放产业是能源消耗和二氧化碳排放的最主要领域，努力降低碳排放，改变兵团能源消耗模式、促进产业结构转型，才能更扎实地推进兵团生态文明建设，更坚定地走绿色、循环、低碳的发展道路。在此背景下，研究兵团高排放产业碳排放多重效应、影响因素与低碳发展路径，能够促进兵团经济低能耗发展、高排放产业转型升级，缩小东西部地区的发展差距。社会影响和效益主要体现在以下方面。

（1）兵团碳排放的行业研究可以推动生产方式的转变，有助于兵团实现产业结构的优化升级。由于各个行业的能耗总量、能耗结构及能耗强度的差异性，其碳排放的总量及影响因素也存在着巨大差异。从分行业的视角对兵团的碳排放现状及影响因素进行研究，有效地对兵团高碳及低碳行业进行分类整理，并具体性地探究了影响各个行业的碳排放因素，为有效实现低碳经济发展，推动各个行业的低碳化路径建设，淘汰落后产能，实现产业结构的优化升级打下了坚实的理论及研究基础。

（2）兵团碳排放的整体研究有助于对地区经济和环境的协调发展产生清晰认知，有助于实现区域的低碳化发展。在对兵团的碳排放整体研究中，一方面可以明确兵团目前所面临的碳排放现状，为区域政策定位提供实证支撑；另一方面对其整体碳排放影响因素的分解分析表明了减排发展的路径方向，这为如何实现低碳经济发展提供了相关的理论和数据支撑，也有助于实现地区经济与环境的协调发展。

（3）兵团的低碳路径探讨有助于建设美丽文明的新型社会，提升兵团乃至整个西部的绿色经济发展水平。低碳经济建设是有序推进 2022 年"碳达峰、碳中和"重点任务的必经之路，稳步落实"十四五"规划中的兵团经济绿色化与低碳化的发展目标，有助于打造资源节约型与环境友好型社会，在满足人类对清新空气、舒适环境、宜人气候等基本要求的前提下，促进当地生产和消费的绿色升级，促进兵团经济的绿色和谐发展。积极响应国家号召"践行绿色发展理念，保护青山绿水"的重要策略，有助于建设美丽文明的低碳社会，提升兵团整体的绿色经济竞争力水平及综合竞争力。

9.4 研究不足与未来展望

（1）在撰写过程中，兵团高排放产业碳排放相关研究非常鲜见，可参考的文献内容有限。因此需要结合中外文献研究，"取其精华，去其糟粕"，将已有经验借鉴融入兵团高排放产业碳排放测度与低碳发展路径的实际情况中，构建立足理论和经验的本土化研究思路体系。由于自身知识结构、思维视角不可避免存在局限性，研究广度和研究深度可能尚未达到理想状态。

（2）部分数据及实际样本尚需补充调研进行校正、修正和完善。但由于兵团对碳排放、高排放产业的碳排放问题尚无系统性管理的相关部门协作，涉及部门较多，加上兵团党政军企合一的特殊体制机制，调研与数据获得有一定难度，基于防控政策、调研对象匹配性、时间等多种因素考量对原计划的调研对象进行了调整。

（3）研究实证部分的相关计量模型的构建中曾遇到检验不能通过、模型不合适的情况。此种情况课题组本着数据真实性的原则及时检查漏洞，检查指标、模型等问题并予以舍弃或调适及修正。

参 考 文 献

蔡博峰，王金南，2013. 基于 1km 网格的天津市二氧化碳排放研究 ［J］. 环境科学学报，
　33（6）：1655 - 1664.

查振涛，2020. 高碳产业绿色技术创新效率测度——以钢铁产业为例 ［J］. 经济研究导刊
　（20）：66 - 67.

陈鹏，2017. 我国碳排放权交易市场与股票市场相关性研究 ［D］. 乌鲁木齐：新疆财经
　大学.

陈前利，蔡博峰，胡方芳，等，2017. 新疆地级市 CO_2 排放空间特征研究 ［J］. 中国人口·
　资源与环境，27（2）：15 - 21.

陈伟，2019. 贵州省低碳经济综合评价 ［D］. 贵阳：贵州财经大学.

陈煜，孙慧，2014. 天山北坡经济带碳排放空间差异及生态补偿研究 ［J］. 地域研究与开
　发，33（4）：136 - 141.

程会强，李新，2009. 四个方面完善碳排放权交易市场 ［J］. 中国科技投资（7）：42 - 44.

程叶青，王哲野，叶信岳，等，2014. 中国能源消费碳排放强度及其影响因素的空间计量
　（英文）［J］. Journal of Geographical Sciences，24（4）：631 - 650.

戴小文，何艳秋，钟秋波，2015. 中国农业能源消耗碳排放变化驱动因素及其贡献研究——
　基于 Kaya 恒等扩展与 LMDI 指数分解方法 ［J］. 中国生态农业学报，23（11）：1445 - 1454.

董会忠，辛佼，韩沅刚，2021. 环境规制、技术创新与工业煤耗强度的互动效应 ［J］. 华
　东经济管理，35（7）：37 - 45.

董静，黄卫平，2018. 西方低碳经济理论的考察与反思——基于马克思生态思想视角 ［J］.
　当代经济研究（2）：37 - 45，97.

杜书云，万宇艳，2013. 中国工业结构调整的碳减排战略研究——基于 12 个行业的面板协
　整分析 ［J］. 经济学家（12）：51 - 56.

范建双，周琳，2019. 中国建筑业碳排放时空特征及分省贡献 ［J］. 资源科学，41（5）：
　897 - 907.

范晓波，2012. 碳排放交易的国际发展及其启示 ［J］. 中国政法大学学报（4）：80 -
　86，160.

范允奇，王文举，2012. 欧洲碳税政策实践对比研究与启示 ［J］. 经济学家（7）：96 - 104.

方佳敏，林基，2015. 中国工业行业经济增长与二氧化碳排放的脱钩效应——基于工业行

业数据的经验证据 [J]. 科技管理研究, 35 (20): 243-248.

方宇衡, 2020. 我国煤炭产区碳排放影响因素研究——基于改进的 LMDI 模型 [J]. 煤炭经济研究, 40 (12): 40-45.

冯博, 王雪青, 2015. 中国各省建筑业碳排放脱钩及影响因素研究 [J]. 中国人口·资源与环境, 25 (4): 28-34.

冯婷婷, 2016. 新疆物流业碳排放现状及其影响因素研究 [D]. 乌鲁木齐: 新疆大学.

冯相昭, 邹骥, 2008. 中国 CO_2 排放趋势的经济分析 [J]. 中国人口·资源与环境 (3): 43-47.

冯宗宪, 陈志伟, 2015. 区域能源碳排放与经济增长的脱钩趋势分析 [J]. 华东经济管理, 29 (1): 50-54.

付云鹏, 马树才, 宋琪, 2015. 中国区域碳排放强度的空间计量分析 [J]. 统计研究, 32 (6): 67-73.

盖美, 胡杭爱, 柯丽娜, 2013. 长江三角洲地区资源环境与经济增长脱钩分析 [J]. 自然资源学报, 28 (2): 185-198.

高志刚, 李明蕊, 2020. 正式和非正式环境规制碳减排效应的时空异质性与协同性: 对 2007—2017 年新疆 14 个地州市的实证分析 [J]. 西部论坛, 30 (6): 84-100.

巩小曼, 柳疆梅, 衣芳萱, 等, 2021. 新疆纺织服装行业碳排放与经济增长的关系研究 [J]. 丝绸, 58 (2): 79-84.

桂丽, 2010. 中国政府发展低碳经济的政策选择 [J]. 改革与战略, 26 (11): 41-43.

郭卫香, 孙慧, 2018. 西北 5 省碳排放与产业结构碳锁定的灰色关联分析 [J]. 工业技术经济, 37 (7): 119-127.

郭旭东, 2019. 基于 LMDI 分解与系统动力学的武汉市低碳发展研究 [D]. 武汉: 华中科技大学.

郭义强, 郑景云, 葛全胜, 2010. 一次能源消费导致的二氧化碳排放量变化 [J]. 地理研究, 29 (6): 1027-1036.

郭运功, 汪冬冬, 林逢春, 2010. 上海市能源利用碳排放足迹研究 [J]. 中国人口·资源与环境, 20 (2): 103-108.

韩坚, 盛培宏, 2014. 产业结构、技术创新与碳排放实证研究——基于我国东部 15 个省 (市) 面板数据 [J]. 上海经济研究 (8): 67-74.

杭晓宁, 张健, 胡留杰, 等, 2018. 2006—2015 年重庆市农田生态系统碳足迹分析 [J]. 湖南农业大学学报 (自然科学版), 44 (5): 524-531.

郝海青, 焦传凯, 2015. 碳捕获与封存技术应用中的法律监管制度研究 [J]. 科技管理研究, 35 (23): 234-238.

何昭丽, 孙慧, 王雅楠, 2013. 新疆能源消费碳排放现状及因素分解分析 [J]. 资源与产业, 15 (4): 75-81.

侯嘉欣，2016. 市场化程度对我国区域水污染治理效率影响的实证研究［D］. 长沙：湖南大学.

胡初枝，黄贤金，钟太洋，等，2008. 中国碳排放特征及其动态演进分析［J］. 中国人口·资源与环境（3）：38－42.

胡方芳，陈前利，2019. 新疆碳排放峰值预测［J］. 区域治理（42）：37－41.

黄蕾，谢奉军，杨程丽，2013. 高排放工业的低碳转型模式构建——以南昌为例［J］. 江西社会科学，33（12）：61－65.

黄秀莲，李国柱，马建平，等，2021. 河北省碳排放影响因素及碳峰值预测［J］. 河北环境工程学院学报，31（2）：6－11.

黄振华，2018. 基于 STIRPAT 模型的重庆市建筑碳排放影响因素研究［D］. 重庆：重庆大学.

吉红洁，袁进，郭亚兵，等，2015. 关于焦化行业 CO_2 排放核算方法的探讨［J］. 中国环境管理，7（1）：63－67.

计志英，赖小锋，贾利军，2016. 家庭部门生活能源消费碳排放：测度与驱动因素研究［J］. 中国人口·资源与环境，26（5）：64－72.

简晓彬，陈伟博，赵洁，2021. 欠发达地区工业发展的碳排放效应、影响因素及减排潜力——以苏北为例［J］. 资源与产业，23（1）：35－45.

江心英，赵爽，2019. 双重环境规制视角下 FDI 是否抑制了碳排放——基于动态系统 GMM 估计和门槛模型的实证研究［J］. 国际贸易问题（3）：115－130.

姜玲，滕雅琼，张小宁，2019. 高耗能产业群碳排放与经济增长脱钩关系实证研究——基于甘肃 2001—2017 年的经验数据［J］. 兰州财经大学学报，35（4）：41－48.

蒋玲玲，2018. 产业间碳排放转移结构分解及其优化策略研究［D］. 镇江：江苏大学.

蒋蓬阳，2018. 基于系统动力学的山东省碳排放系统仿真与低碳情景研究［D］. 青岛：山东科技大学.

焦连成，陈才，2007. 中国经济地理学发展困境与对策刍议［J］. 地理科学（5）：624－629.

揭俐，王忠，余瑞祥，2020. 中国能源开采业碳排放脱钩效应情景模拟［J］. 中国人口·资源与环境，30（7）：47－56.

寇紫峰，许赢，阳思博，2020. 中国省份环境污染与 FDI 关系研究——基于固定效应面板数据的格兰杰因果分析视角［J］. 上海立信会计金融学院统计与数学学院，32（3）：87－100.

兰建，2016. 新疆经济增长与碳排放关系实证研究——基于"丝绸之路经济带"背景与灰色关联分析［J］. 经济论坛（2）：20－25.

李斌，曹万林，2017. 环境规制对我国循环经济绩效的影响研究——基于生态创新的视角［J］. 中国软科学（6）：140－154.

李记红，2015. 基于能源消费的西北五省不同土地利用方式的碳排放与碳足迹研究［D］. 兰州：西北师范大学.

李键，毛德华，蒋子良，等，2019. 长株潭城市群土地利用碳排放因素分解及脱钩效应研究 [J]. 生态经济，35 (8)：28 - 34，66.

李俊杰，2012. 民族地区农地利用碳排放测算及影响因素研究 [J]. 中国人口·资源与环境，22 (9)：42 - 47.

李锴，齐绍洲，2020. 碳减排政策与工业结构低碳升级 [J]. 暨南学报（哲学社会科学版），42 (12)：102 - 116.

李莉，董棒棒，敬盼，2020. 环境规制背景下新疆能源碳排放峰值预测与情景模拟研究 [J]. 生态与农村环境学报，36 (11)：1444 - 1452.

李鹏博，田丽君，黄文彬，2021. 基于系统动力学的人口迁移重力模型改进及实证检验 [J]. 系统工程理论与实践，41 (7)：1722 - 1731.

李珊珊，马艳芹，2019. 环境规制对全要素碳排放效率分解因素的影响——基于门槛效应的视角 [J]. 山西财经大学学报，41 (2)：50 - 62.

李雪梅，郝光菊，张庆，2017. 天津市高碳排放行业碳排放影响因素研究 [J]. 干旱区地理，40 (5)：1089 - 1096.

李亚荣，2017. 基于云模型碳排放权价值评估的研究 [D]. 北京：华北电力大学（北京）.

梁刚，2021. 中国绿色低碳循环发展经济体系建设水平测度 [J]. 统计与决策，37 (15)：47 - 51.

林翔燕，2019. 江苏省县域城镇化对碳排放的作用路径及其模拟仿真研究 [D]. 北京：中国矿业大学.

刘畅，涂国平，2015. 基于系统动力学的国家低碳发展战略情景仿真分析 [J]. 系统工程，33 (7)：100 - 106.

刘汉初，樊杰，曾瑜皙，等，2019. 中国高耗能产业碳排放强度的时空差异及其影响因素 [J]. 生态学报，39 (22)：8357 - 8369.

刘慧，2015. 基于脱钩模型的新疆碳排放与经济增长的关系研究 [J]. 湖南工业职业技术学院学报，15 (3)：31 - 34，37.

刘佳骏，史丹，汪川，2015. 中国碳排放空间相关与空间溢出效应研究 [J]. 自然资源学报，30 (8)：1289 - 1303.

刘婧，丁鑫，2020. 我国碳排放强度的 LMDI 因素分解模型研究——基于产业发展视角 [J]. 山东工商学院学报，34 (6)：37 - 47.

刘俊清，2012. 我国低碳经济发展的路径选择和政策探析 [J]. 经济论坛 (12)：98 - 100.

刘永红，2015. 基于系统动力学的山西省低碳经济发展路径研究 [D]. 太原：山西财经大学.

刘自敏，申颢，2020. 有偏技术进步与中国城市碳强度下降 [J]. 科学学研究，38 (12)：2150 - 2160.

卢平平，龚唯平，2015. 国际贸易隐含碳测量方法研究进展述评 [J]. 产业经济评论 (6)：

82－90.

吕康娟，何云雪，2021. 长三角城市群的经济集聚、技术进步与碳排放强度——基于空间计量和中介效应的实证研究 [J]. 生态经济，37（1）：13－20.

马大来，2015. 中国区域碳排放效率及其影响因素的空间计量研究 [D]. 重庆：重庆大学.

马继，谢霞，秦放鸣，2021. 旅游经济、环境规制与入境旅游碳排放 [J]. 技术经济与管理研究（6）：99－103.

马秀梅，2011. 开征碳税对中国经济可持续发展的影响 [J]. 绿色科技（12）：180－182.

马艳艳，逯雅雯，2017. 不同来源技术进步与二氧化碳排放效率——基于空间面板数据模型的实证 [J]. 研究与发展管理，29（4）：33－41.

毛琦梁，王菲，李俊，2014. 新经济地理、比较优势与中国制造业空间格局演变——基于空间面板数据模型的分析 [J]. 产业经济研究，2014（2）：21－31.

牛海生，李大平，张娜，等，2014. 不同灌溉方式冬小麦农田生态系统碳平衡研究 [J]. 生态环境学报，23（5）：749－755.

努尔泰·吾伦别克，李江涛，李万刚，2021. 新疆温室气体排放清单编制浅析 [J]. 干旱环境监测，35（1）：41－44.

潘竟虎，张永年，2021. 中国能源碳足迹时空格局演化及脱钩效应 [J]. 地理学报，76（1）：206－222.

彭红松，郭丽佳，章锦河，等，2020. 区域经济增长与资源环境压力的关系研究进展 [J]. 资源科学，42（4）：593－606.

彭文甫，周介铭，徐新良，等，2016. 基于土地利用变化的四川省碳排放与碳足迹效应及时空格局 [J]. 生态学报，36（22）：7244－7259.

齐晓辉，李强，2017. 新疆兵团低碳农业发展模式研究 [J]. 新疆农垦经济（2）：55－60.

秦建成，陶辉，占明锦，等，2019. 新疆行业碳排放影响因素分析与碳减排对策研究 [J]. 安全与环境学报，19（4）：1375－1382.

秦军，唐慕尧，刘雪丽，2014. 低碳经济发展的灰色评价研究 [J]. 生态经济，30（4）：14－18，28.

曲健莹，李科，2019. 工业增长与二氧化碳排放"脱钩"的测算与分析 [J]. 西安交通大学学报（社会科学版），39（5）：92－104.

单译纬，2020. 中国高耗能产业区域分布演变及其影响因素研究 [D]. 长春：吉林大学.

邵海琴，王兆峰，2021. 中国交通碳排放效率的空间关联网络结构及其影响因素 [J]. 中国人口·资源与环境，31（4）：32－41.

石培华，吴普，2011. 中国旅游业能源消耗与 CO_2 排放量的初步估算 [J]. 地理学报，66（2）：235－243.

史安娜，唐琴娜，2019. 长江经济带低碳技术创新对能源碳排放的影响研究 [J]. 江苏社会科学（2）：54－62.

宋金昭，苑向阳，王晓平，2018. 中国建筑业碳排放强度影响因素分析［J］. 环境工程，
　　36（1）：178-182.

宋梅，谢鹏，2014. 新疆碳排放与经济发展的关联度分析［J］. 煤炭工程，46（3）：103-105.

苏洋，马惠兰，颜璐，2013. 新疆农地利用碳排放时空差异及驱动机理研究［J］. 干旱区
　　地理，36（6）：1162-1169.

孙斌，龚飞飞，张浩，等，2013. 新疆荷斯坦干奶牛与泌乳牛四季 CO_2 24h 排放量变化的
　　研究［J］. 新疆农业科学，50（5）：967-972.

孙才志，周舟，赵良仕，2021. 基于 SD 模型的中国西南水—能源—粮食纽带系统仿真模拟
　　［J］. 经济地理，41（6）：20-29.

孙慧，付迪，党菲，2014. 新疆工业碳排放的区域差异及因素分析［J］. 科技管理研究，
　　34（4）：225-230.

孙建，2018. 重庆高排放产业碳排放影响因素及低碳发展路径研究［D］. 重庆：重庆工商
　　大学.

孙立成，程发新，李群，2014. 区域碳排放空间转移特征及其经济溢出效应［J］. 中国人
　　口·资源与环境，24（8）：17-23.

孙叶飞，周敏，2017. 中国能源消费碳排放与经济增长脱钩关系及驱动因素研究［J］. 经
　　济与管理评论，33（6）：21-30.

孙郧峰，汪溪远，范经云，等，2019. 达峰背景下碳排放权交易市场对新疆碳减排的影响
　　［J］. 数学的实践与认识，49（21）：309-318.

孙作人，刘毅，田培培，2021. 产业集聚、市场化程度与城市碳效率［J］. 工业技术经济，
　　40（4）：46-57.

唐洪松，马惠兰，苏洋，等，2016. 新疆不同土地利用类型的碳排放与碳吸收［J］. 干旱
　　区研究，33（3）：486-492.

唐洪松，苏洋，马惠兰，等，2017. 新疆畜牧业碳排放格局与公平性研究［J］. 干旱区地
　　理，40（6）：1338-1345.

陶春华，2015. 我国碳排放权交易市场与股票市场联动性研究［J］. 北京交通大学学报
　　（社会科学版），14（4）：40-51.

田云，张俊飚，李波，2012. 中国农业碳排放研究：测算、时空比较及脱钩效应［J］. 资
　　源科学，34（11）：2097-2105.

田泽，张宏阳，纽文婕，2021. 长江经济带碳排放峰值预测与减排策略［J］. 资源与产业，
　　23（1）：97-105.

王保乾，葛宇翔，陈盼，2019. 行业视角下中国对外贸易隐含碳排放研究［J］. 资源与产
　　业，21（4）：3-11.

王凤婷，方恺，于畅，2019. 京津冀产业能源碳排放与经济增长脱钩弹性及驱动因素——
　　基于 Tapio 脱钩和 LMDI 模型的实证［J］. 工业技术经济，38（8）：32-40.

王惠，王树乔，2015. 中国工业 CO_2 排放绩效的动态演化与空间外溢效应 [J]. 中国人口·资源与环境，25（9）：29-36.

王惠芳，张青珍，张明捷，2009. 2008 年夏季濮阳市气候变化对农业影响分析 [J]. 安徽农学通报（下半月刊），15（22）：80-82.

王婧婕，张凯山，艾南山，等，2014. 成都市公众典型生活方式分析及碳排放研究 [J]. 中国人口·资源与环境，24（S2）：36-40.

王琦，李金叶，何昭丽，2018. 新疆旅游业碳排放测算与脱钩关系研究 [J]. 生态经济，34（1）：25-30.

王少剑，黄永源，周钰荃，2019. 中国城市碳排放强度的空间溢出效应及驱动因素探究（英文）[J]. Journal of Geographical Sciences，29（2）：231-252.

王圣，王慧敏，陈辉，等，2011. 基于 Divisia 分解法的江苏沿海地区碳排放影响因素研究 [J]. 长江流域资源与环境，20（10）：1243-1247.

王士轩，孙慧，朱俏俏，2015. 新疆碳排放、能源消费与经济增长关系的实证研究 [J]. 科技管理研究，35（18）：221-224.

王淑英，卫朝蓉，寇晶晶，2021. 产业结构调整与碳生产率的空间溢出效应——基于金融发展的调节作用研究 [J]. 工业技术经济，40（2）：138-145.

王伟德，2018. 基于系统动力学的新疆热电行业碳排放预测研究 [D]. 乌鲁木齐：新疆大学.

王喜莲，金青，2022. 煤炭产业绿色低碳发展政策情景模拟研究 [J]. 生态经济，38（4）：60-67.

王新利，黄元生，2018. 河北省能源消费碳排放强度影响因素分解 [J]. 数学的实践与认识，48（23）：49-58.

王茨，王应明，2019. 基于未来效率的兼顾公平与效率的资源分配 DEA 模型研究——以各省碳排放额分配为例 [J]. 中国管理科学，27（5）：161-173.

王永哲，马立平，2016. 吉林省能源消费碳排放相关影响因素分析及预测——基于灰色关联分析和 GM（1,1）模型 [J]. 生态经济，32（11）：65-70.

王越，赵婧宇，李志学，等，2019. 东北三省碳排放脱钩效应及驱动因素研究 [J]. 环境科学与技术，42（6）：190-196.

王长建，汪菲，张虹鸥，2016a. 新疆能源消费碳排放过程及其影响因素——基于扩展的 Kaya 恒等式 [J]. 生态学报，36（8）：2151-2163.

王长建，张小雷，张虹鸥，等，2016b. 基于 IO-SDA 模型的新疆能源消费碳排放影响机理分析 [J]. 地理学报，71（7）：1105-1118.

王兆峰，杜瑶瑶，2019. 基于 SBM-DEA 模型湖南省碳排放效率时空差异及影响因素分析 [J]. 地理科学，39（5）：797-806.

相震，2012. 中国碳交易市场发展现状及对策分析 [J]. 四川环境，31（3）：70-75.

肖宏伟，易丹辉，张亚雄，2013. 中国区域碳排放空间计量研究 ［J］. 经济与管理，27 （12）：53 - 62.

肖权，2017. 市场化进程、环境管制与我国碳生产率的关系研究 ［D］. 黄石：湖北师范大学.

谢振玫，2011. 中国发展低碳经济面临的困境与对策分析 ［D］. 长春：吉林大学.

胥爱霞，2018. 基于 LMDI 方法的广东省物流业碳排放影响因素分析 ［J］. 数学的实践与认识，48 （23）：272 - 277.

徐成龙，张晓青，任建兰，2013. 山东省低碳发展下的碳排放情景研究 ［J］. 经济与管理评论，29 （5）：133 - 139.

徐磊，董捷，张俊峰，等，2017. 基于 SD 模型的湖北省农业碳排放系统仿真与政策优化 ［J］. 资源开发与市场，33 （9）：1031 - 1035.

徐盈之，邹芳，2010. 基于投入产出分析法的我国各产业部门碳减排责任研究 ［J］. 产业经济研究 （5）：27 - 35.

许华，王莹，2021. EKC 视角下陕西经济增长与碳排放量实证研究 ［J］. 调研世界 （1）：54 - 59.

闫新杰，孙慧，2022. 基于 STIRPAT 模型的新疆 "碳达峰" 预测与实现路径研究 ［J］. 新疆大学学报 （自然科学版）（中英文），39 （2）：206 - 212，218.

杨长进，田永，许鲜，2021. 实现碳达峰、碳中和的价税机制进路 ［J］. 价格理论与实践 （1）：20 - 26，65.

于向宇，李跃，陈会英，等，2019. "资源诅咒" 视角下环境规制、能源禀赋对区域碳排放的影响 ［J］. 中国人口·资源与环境，29 （5）：52 - 60.

禹湘，陈楠，李曼琪，2020. 中国低碳试点城市的碳排放特征与碳减排路径研究 ［J］. 中国人口·资源与环境，30 （7）：1 - 9.

袁路，潘家华，2013. Kaya 恒等式的碳排放驱动因素分解及其政策含义的局限性 ［J］. 气候变化研究进展，9 （3）：210 - 215.

原嫄，孙欣彤，2020. 城市化、产业结构、能源消费、经济增长与碳排放的关联性分析——基于中国省际收入水平异质性的实证研究 ［J］. 气候变化研究进展，16 （6）：738 - 747.

张飞云，2020. 乌鲁木齐土地利用碳排放强度时空演变研究 ［J］. 中国农业资源与区划，41 （2）：139 - 146.

张红丽，刘芳，2018. 新疆农业碳排放与农业经济增长的响应关系 ［J］. 江苏农业科学，46 （22）：358 - 363.

张琳杰，崔海洋，2018. 长江中游城市群产业结构优化对碳排放的影响 ［J］. 改革 （11）：130 - 138.

张萌，王让会，2015. 天山北坡经济带工业碳排放影响因素实证分析 ［J］. 工业安全与环保，41 （7）：80 - 83.

张巍，尚丽，2017. 陕西省工业碳排放影响因素分析与启示 [J]. 生态经济，33 (5)：80-83.

张希良，张达，余润心，2021. 中国特色全国碳市场设计理论与实践 [J]. 管理世界，37 (8)：80-95.

张玥，2017. 基于空间计量经济学的我国能源效率影响因素研究 [D]. 北京：北京交通大学.

张云波，2021. 中国省域碳排放强度的空间效应研究 [D]. 太原：山西财经大学.

张志强，孙慧，2013. 基于格兰杰检验的新疆碳排放与经济增长关系研究 [J]. 前沿 (12)：97-98.

张忠华，刘飞，2016. 循环经济理论的思想渊源与科学内涵 [J]. 发展研究 (11)：15-19.

赵立祥，张雪红，2019. 基于文献计量的个人碳交易研究态势分析 [J]. 科技管理研究，39 (1)：225-234.

赵馨月，2018. 基于 STIRPAT 模型的中美印碳排放影响因素比较研究 [D]. 太原：山西财经大学.

赵哲，陈建成，白羽萍，等，2018. 二氧化碳排放与经济增长关系的实证分析 [J]. 中国环境科学，38 (7)：2785-2793.

周建国，刘宇萍，韩博，2016. 我国碳配额价格形成及其影响因素研究——基于 VAR 模型的实证分析 [J]. 价格理论与实践 (5)：85-88.

周键，刘阳，2021. 制度嵌入、绿色技术创新与创业企业碳减排 [J]. 中国人口·资源与环境，31 (6)：90-101.

周杰民，丁志刚，徐琪，2015. 浙江纺织产业碳足迹关键影响因素的实证分析 [J]. 资源开发与市场，31 (2)：133-137.

周灵，2018. 绿色"一带一路"建设背景下西部地区低碳经济发展路径——来自新疆的经验 [J]. 经济问题探索 (7)：184-190.

周四军，江秋池，2020. 基于动态 SDM 的中国区域碳排放强度空间效应研究 [J]. 湖南大学学报（社会科学版），34 (1)：40-48.

周喜君，2018. 二氧化碳减排中的技术偏向研究 [D]. 太原：山西财经大学.

周喜君，郭丕斌，2021. 基于 DEA 窗口模型的中国碳减排技术研发效率评估 [J]. 科技管理研究，41 (1)：187-193.

周鑫鑫，2019. 碳交易机制对全要素碳生产效率的影响效果评估 [D]. 南京：南京财经大学.

朱金鹤，庞婉玉，2021a. 新疆生产建设兵团高排放产业碳足迹评估及经济增长脱钩效应研究 [J]. 新疆社科论坛 (5)：72-80，112.

朱金鹤，孙红雪，2021b. 新疆兵团高排放产业的碳排放影响因素研究——基于 LMDI 模型的面板数据检验 [J]. 新疆农垦经济 (7)：55-63.

朱坦，冯昱，汲奕君，等，2014. 我国低碳产业园区建设与发展的推进路径探索 [J]. 环境保护，42 (Z1)：43-45.

祝宏辉，李晓晓，2018. 新疆农业碳排放的脱钩效应及驱动因素分析 [J]. 生态经济，34 （9）：31 – 35，115.

庄贵阳，2007. 气候变化挑战与中国经济低碳发展 [J]. 国际经济评论，71 （5）：50 – 52.

Allwood J M，Cullen R M，Milford R L，2010. Options for Achieving a 50% Cut in Industrial Carbon Emissions by 2050 [J]. Environmental Science & Technology，44 （6）：1888 – 1894.

Ang B W，Su B，2016. Carbon emission intensity in electricity production：A global analysis [J]. Energy Policy，94 （7）：56 – 63.

Duren R M，Miller C E，2012. Measuring the carbon emissions of megacities [J]. Nature Climate Change，2 （8）：560 – 562.

Forsyth P，Hoque S，Dwyer L，et al.，2010. Estimating the carbon footprint of Australian tourism [J]. Journal of Sustainable Tourism （3）.

Guangyue X，Deyong S，2011. An Empirical Study on the Environmental Kuznets Curve for China's Carbon Emissions：Based on Provincial Panel Data [J]. Chinese Journal of Population，Resources and Environment，9 （3）：66 – 76.

Homburg A，Stolberg A，2006. Explaining pro – environmental behavior with a cognitive theory of stress [J]. Journal of Environmental Psychology，26 （1）：1 – 14.

Houghton R A，2012. Carbon emissions and the drivers of deforestation and forest degradation in the tropics [J]. Current Opinion in Environmental Sustainability，4 （6）：597 – 603.

Kaplan J O，Krumhardt K M，Ellis E C，et al.，2011. Holocene carbon emissions as a result of anthropogenic land cover change [J]. Holocene，21 （5）：775 – 791.

Kenny T，Gray N F，2009. Comparative performance of six carbon footprint models for use in Ireland [J]. Environmental Impact Assessment Review，29 （1）：1 – 6.

Liu M H，Xue K K，2013. An Empirical Study on China's Energy Consumptio，Carbon Emissions and Economic Growth [J]. Advanced Materials Research，869 – 870：377 – 380.

OECD，2002. Indicators to Measure Decoupling of Environmental Pressure from Economic Growth [R]. Paris：OECD.

Sarkar R，2008. Public Policy and Corporate Environmental Behaviour：a Broader View [J]. Corporate Social Responsibility and Environmental Management，15 （5）：281 – 297.

Wang Z，Yang L，2015. Delinking indicators on regional industry development and carbon emissions：Beijing – Tianjin – Hebei economic band case [J]. Ecological Indicators，48：41 – 48.

Werf G R V D，Randerson J T，Collatz G J，et al.，2010. Carbon emissions from fires in tropical and subtropical ecosystems [J]. Global Change Biology，9 （4）：547 – 562.

West T O，Marland G，2002. A synthesis of carbon sequestration，carbon emissions，and net carbon flux in agriculture：comparing tillage practices in the United States [J]. Agriculture Ecosystems & Environment，91 (1)：217－232.

Zhang R，Wang X，Chen C，2010. Electrochemical Biosensing Platform Using Carbon Nano-
tube Activated Glassy Carbon Electrode [J]. Electroanalysis，19 (15)：1623－1627.

Zhang X P，Cheng X M，2009. Energy consumption，carbon emissions，and economic
growth in China [J]. Ecological Economics，68 (10)：2706－2712.

图书在版编目（CIP）数据

高排放产业碳排放的效应测度、影响因素及低碳发展路径研究 / 朱金鹤著. —北京：中国农业出版社，2024.3

　　ISBN 978-7-109-31908-0

　　Ⅰ.①高…　Ⅱ.①朱…　Ⅲ.①环境经济学－研究
Ⅳ.①X196

中国国家版本馆 CIP 数据核字（2024）第 076014 号

中国农业出版社出版

地址：北京市朝阳区麦子店街 18 号楼
邮编：100125
责任编辑：张潇逸　边　疆
版式设计：小荷博睿　责任校对：吴丽婷
印刷：北京中兴印刷有限公司
版次：2024 年 3 月第 1 版
印次：2024 年 3 月北京第 1 次印刷
发行：新华书店北京发行所
开本：720mm×960mm　1/16
印张：12.5
字数：218 千字
定价：78.00 元